# 你真是个平平无奇的小天才

[日] 本田健 著
富雁红 译

古吴轩出版社

图书在版编目（CIP）数据

你真是个平平无奇的小天才 / (日) 本田健著；富雁红译. -- 苏州：古吴轩出版社，2021.9
 ISBN 978-7-5546-1801-1

Ⅰ.①你… Ⅱ.①本… ②富… Ⅲ.①成功心理—通俗读物 Ⅳ.①B848.4-49

中国版本图书馆CIP数据核字(2021)第174222号

JIBUN NO SAINOU NO MITSUKEKATA
by Ken Honda
Copyright ©2013 Ken Honda
Simplified Chinese translation copyright ©2021 by Liurenxing(Tianjin)Media Ltd.
All rights reserved.
Original Japanese language edition published by FOREST Publishing,Co.,Ltd.
Simplified Chinese translation rights arranged with FOREST Publishing,Co.,Ltd.
through Lanka Creative Partners co., Ltd., (Japan) .and Rightol Media Limited.

**责任编辑：** 李　倩
**装帧设计：** 尧　丽

| | | | |
|---|---|---|---|
| 书　　名： | 你真是个平平无奇的小天才 | | |
| 著　　者： | [日]本田健 | | |
| 译　　者： | 富雁红 | | |
| 出版发行： | 古吴轩出版社 | | |
| | 地址：苏州市八达街118号苏州新闻大厦30F | 邮编：215123 | |
| | 电话：0512-65233679 | 传真：0512-65220750 | |
| 出 版 人： | 尹剑峰 | | |
| 印　　刷： | 天津旭非印刷有限公司 | | |
| 开　　本： | 880×1230　1/32 | | |
| 印　　张： | 6 | | |
| 字　　数： | 138千字 | | |
| 版　　次： | 2021年9月第1版　第1次印刷 | | |
| 书　　号： | ISBN 978-7-5546-1801-1 | | |
| 著作合同登记号： | 图字10-2021-465号 | | |
| 定　　价： | 48.00元 | | |

如有印装质量问题，请与印刷厂联系：022-22520876

# 前　言

"如果找到了自己的天赋，也许就能拥有快乐的人生。"

当你拿起这本书时，可能是这么想的。

这种直觉是正确的，我保证。

正是因为在 20 年前，我也有着同样的想法，并为此兜兜转转，最终找到了自己的天赋。现在我每天都过得很充实，沉浸在自己毕生钟爱的事业中，与活跃在各行各业的人们交朋友，实现了时间和金钱的自由，这就是我现在的状态。

"如何找到天赋"是这本书的主题。什么是天赋，天赋的副作用、阴暗面，以及如何利用消极情绪找到天赋等，本书中介绍了很多这种你们前所未闻的内容。

天赋，是我 20 年来一直研究的主题。这本书中总结的方法和技巧，

## 你真是个平平无奇的小天才

不仅使我自己获得了成功的人生,还帮助了数以万计的人们成就了更好的人生。

天赋需要从多个角度去发现。因此,认识自己的天赋,也一定是从最开始的模糊不清到豁然开朗的过程。

正如你刚刚直观感受到的那样,当你的天赋得以运用,人生就会发生改变。自己每天的心情自不必说,你在社会中的活跃度、幸福感、交往的人也都会有天壤之别。

回顾自己过去的 20 年,我深切地感受到自己现在的人生和以前完全不一样了。我偶尔会梦到自己 20 多岁的时候,午夜梦回时,我对现在的美好生活会涌出更多的感恩之情。

我在 20 多岁时,从事的是会计和咨询工作,但总觉得哪里有些不对劲。后来,我陷入了深深的烦恼之中:是去读研究生,还是去留学,或是换个别的工作?我完全不知道自己到底想做什么,就好像人生的指南针在疯狂乱转。

在外人看来,我当时的生活绝对不算糟糕,但这让我更加痛苦。因为我觉得自己应该更幸福,但事实并非如此。

正在看这本书的你,可能也面临着同样的情况:既憧憬着"如果找到了自己的天赋,人生就会变得多姿多彩",但又认为"找到自己的天赋,这不太可能吧",在这两种想法中纠结不定。你或许还会听到自己内心的声音:"现在的人生也没那么糟糕,别费劲了,还是照现在的样子生活比较好。"

# 前　言

既然现在的人生不是那么糟糕，那么你想继续以前的生活方式当然无可厚非。

但是，如果你听到心底有个微小的声音在对你说"哪里有些不对劲"的时候，一定要好好倾听一下。那个声音绝对不会背叛你。

你其实拥有很多非凡的天赋，但其中大部分是你自己没有意识到的。当你清晰地意识到他们的时候，你自己首先一定会被惊到的。

回到刚才的话题，当我有了想要活出自我的想法后，我的寻找天赋之旅就开始了。

但是，当我和周围的人探讨的时候，越是有本事的人越会满不在乎地对我说："没关系，没事的，总会有办法的。"从结果上看，他们说的没错，但处于焦虑中的我，根本没有那种悠闲的心情。我感觉到自己拥有某种天赋，但我不知道它是什么……我被那种焦躁感和渐渐袭来的绝望感所折磨。因此，当时的我看不到任何希望。

当我对人生感到迷茫的时候，我会去咨询别人，或者从书中寻求答案。后来，我读了很多关于活法的书籍、哲学的书籍以及商务书籍。

我也是在那段时间认识了被誉为"经营咨询之神"的船井幸雄先生。"我是做会计的，但总觉得哪里不太对劲，我到底应该做什么呢？"我向他提出了这个问题。

现在想想，这个问题过于笼统，而且依赖性很强，后来我只要一想起来，就会羞愧难当。当然，当时的我无暇顾及那么多，找不到答案我誓不罢休。

## 你真是个平平无奇的小天才

船井先生微微一笑,只对我说了一句话:"去做能让你感到兴奋的事就可以。"我带着一脸迷茫,被后面排着长队等待交换名片的人群挤了出来,只握了握手就离开了。

一年以后,我听说有一个名叫"巴夏"①的关于宇宙存在的演讲会,这也是船井先生在他的书中写过的,于是我就去了。很幸运,我在提问环节拿到了话筒,又提出了同样的问题,结果,我得到的答案是:"去做能让你感到兴奋的事。"随后就轮到了下一个提问者。

一模一样的回答,再一次让我一头雾水。

自此以后,我便开始了真正的寻找自我的旅程。

但是,就算我想去寻找兴奋的感觉,我也找不到能让我兴奋的事。说实话,我不知如何是好,因为我不知道我的目标在哪里。

我寻找天赋的旅程并不顺利。究其原因,是因为我每天都在"我好像有某些天赋"的兴奋感和"自己其实什么天赋都没有"的绝望感之间反复徘徊。

好几次我都差点放弃。但最终,我花费了几年的时间,终于找到了自己的天赋,找到了一种真正让我感到兴奋的生活方式。关于这些过程,我在我出版的书中也写过,我在妻子以及很多人的支持帮助下,才有了今天的成就。

---

① 巴夏(Bashar)自称第四密度外星人,其资讯在欧美受众很多。巴夏的讯息源于其互动性,他会回答形形色色的问题,其本人于1986年首次来到日本。

# 前 言

本书通过我的这些经历，从各个角度对"天赋"进行了说明，希望能让每个人都找到自己的天赋。

你一定会在不远的将来找到自己的天赋。

我在上一部作品《现在，变现你的优势：喜欢的事，就要拿来当饭吃》①一书中也说过，想做自己最喜欢的事情，需要的不是金钱，不是人脉，也不是天赋。

那些东西，都是在你的旅途中能够获得的物品。

现在的你，只需要一样东西。

那就是好奇心。

如果发现了自己的天赋，你会变成什么样呢？

如果你对自己的未来产生了好奇心，说明你非常适合读这本书。

好了，接下来就让我们一起出发，去进行人生最大的冒险吧。

---

① 此书已在中国出版，书名与日文书名的直译略有区别。

# 目 录
CONTENTS

前 言     I

## 第 1 章
## 平平无奇的你，是个天才

| | |
|---|---|
| 你本来就天赋异禀 | 003 |
| 别人说不行，我看到可能 | 011 |
| 你可能对天赋有什么误解 | 014 |
| 我们都活在各自的时区 | 022 |
| 天赋觉醒，世界为你亮灯 | 026 |

## 第 2 章
## 天赋是个什么东西

| | |
|---|---|
| 别问"什么是天赋" | 033 |
| 小日常的大天赋 | 036 |
| 拾起天赋，治愈他人 | 040 |

| | |
|---|---|
| 人生需经历，天赋要磨砺 | 044 |
| 天赋是家庭共有财产 | 050 |
| 安于现状，或者向上攀登 | 053 |

## 第3章
## 每种天赋都有原型

| | |
|---|---|
| 天赋原型是性格的底色 | 065 |
| 天赋原型，对号入座 | 074 |
| 发现天赋的方向 | 078 |
| 天赋就要拿来当饭吃 | 080 |

## 第4章
## 天赋随处可见，你只需发现

| | |
|---|---|
| 天赋的彩蛋藏在情绪之中 | 093 |
| 天赋的"顿悟时刻"（一） | 100 |
| 天赋的"顿悟时刻"（二） | 105 |
| 生活中并不缺少发现天赋的眼睛 | 108 |
| 天赋不是天才的专属 | 113 |

## 第 5 章
## 天赋背后也有阴影

天赋并非如此美好 　　　　　　　121
天赋有时更像诅咒 　　　　　　　124
拥有天赋却迷失方向 　　　　　　129
因为天赋，所以抵触 　　　　　　132
挫折，天赋的必经之路 　　　　　136

## 第 6 章
## 有天赋谁都了不起

八个阶段，让天赋成长 　　　　　143
每种人都是"天赋党" 　　　　　152
天赋的路上，你不寂寞 　　　　　161
开启天赋的自动驾驶模式 　　　　164

附　录　天赋绽放所需的 17 件事 　166
后　记 　　　　　　　　　　　　171
参考文献 　　　　　　　　　　　177

**第 1 章**

# 平平无奇的你，是个天才

如果想要创造性地生活,你不能一直回头看。
——史蒂夫·乔布斯

# 你本来就天赋异禀

## 你值得,除非你放弃

不管现阶段的人生处于什么状态,你都可以活得更开心。但你需要找到能够让自己感到兴奋的事情,还要考虑到这些事能不能带给别人快乐,会不会被人感谢,能否产生经济效益。

只要知道了自己的天赋是什么,你的人生就会发生戏剧性的变化。与以往不同,曾经的无聊感将被一扫而光。和富有创造性的人交往,想做的项目一个接着一个,晚上睡觉前,你会迫不及待地期待第二天的到来。

你可能会觉得:"那样的事情,我可做不到。"但是,你有没有想过,这也许是因为你并不了解自己或是你误解了这个社会?

到目前为止,我已经为成千上万的人进行了咨询辅导,其中大部分人都是从普通人的状态开始的,现在他们已经可以利用自己的天赋来享受人生了。在他们身上到底发生了什么?这正是本书的主题。

## 天赋不属于天才

我们大多数人都抱着"我没什么过人之才"的想法度日。这就导致，我们明明可以生活得更加多姿多彩，但却很难激发出自己的潜能，从而过着平淡无奇的生活。

究其原因，是因为我们相信"没什么值得骄傲的天赋，就不可能出类拔萃"。我们固执地认为"天赋只属于天才"。

比如，成为棒球或足球的职业选手、成为歌手等，人们深信这种特殊的能力才是天赋。然而，在某一方面天赋异禀的人其实非常少，单靠某一项天赋就出人头地的人，只占人类的极少部分。

他们是所谓的"天才"。在日本，据说打棒球的人口有700万，但职业棒球选手却只有1000人左右。这个比例有多小，一目了然。其他靠棒球生活的人数也许是职业棒球选手人数的10倍，但就算如此，占比也很小。

因此，很多人深信"我没有天赋之才，不可能拥有快乐人生"。这是一个非常可惜的误解。

那么，一个普通人拥有怎样的天赋呢？他又该如何使用自己的天赋呢？

每个人都拥有多种天赋，它们以独特的方式组合在一起。只要灵活运用就可以了。而且，这绝非难事。

比如，聚餐后组织二次会的天赋、演讲的天赋、烹饪的天赋、收纳整理的天赋等。

这样，门槛一下子就降低了吧。

但是，如果你仅靠上述天赋中的某一项，很可能会让大家对你的社会评价度降低至零。

比如，你会收到诸如"那个人很有趣""只要你在，聚餐就很热闹""那个女孩在的话，气氛会很和谐""桌子收拾得很干净，心情很好"等正面评价，但这些恐怕都无法体现在奖金上吧。这和"微笑0日元"①是同一种性质。

虽然仅凭自身拥有的天赋，在现阶段还无法产生经济价值，但这并不代表你没有天赋。

"因为没有经济价值，所以我的天赋为零，因而我无法过自己喜欢的生活。"如此武断的想法不可取。

虽然不是每个人都能成为棒球选手或歌手，但却有数百万人依靠自己的天赋拥有了自己想要的生活。这样算来，概率就变成几十人中就会出现一人了②。想要快乐并富足地生活，无须成为世界级的天才。

一个人很可能只是喜欢聚餐的普通大叔。但是，在保险业界，他却拥有排名前百分之一的出色业绩，是一位厉害的销售员。然而，他并非有多强的销售能力，他只不过利用了自己组织聚餐、

---

① 日本麦当劳为了向顾客宣传他们的优质服务，曾把"微笑0日元"写进菜单。
② 日本总人口约为1.26亿，此处作者是以日本人口计算的概率。

### 你真是个平平无奇的小天才

聚拢人脉的天赋,设身处地与人谈心的天赋,人缘好的天赋而已。他从未为了销售而销售,却能获得几千万日元[①]的收入。他平时就是和朋友们一起巴士旅行,游历能量景点[②],组织网球比赛和烧烤聚会。大家被他全心全意享受生活的个性所吸引,口碑相传,客户越来越多。

因此,无须天赋异禀,只要将普通的天赋相乘就可以了。这样的天赋应该很多人都有吧。

他们虽然不是出现在电视或杂志特辑上的明星,但他们发自内心地享受着人生,充分发挥着自己的天赋,活得很真实。虽然外貌、智商和资历都不是很出众,但他们的人生不同凡响。

## 顺其自然还是转向天赋

那些通过自己的天赋获得成功之人,有怎样的经历呢?这让人很好奇。

他们中的大部分人刚刚步入社会之时,都是很普通的人。有的人虽然父母很有钱,但他们没有过多的问题意识,因此大多是闲散之人,才华横溢者很少。同样,有的人虽然父母很有才,但

---

① 1 人民币 ≈ 17 日元,下文不再标注。
② 在日本,有种被称作 Power Spot(能量景点)的地方,被认为是能够诞生某些特别的能量和气场,帮助人们提升恋爱、金钱、事业、健康、学业等运气的风水之地。著名的能量景点有出云大社、贵船神社、富士山等。

## 第1章 平平无奇的你，是个天才

出乎意料的是，他们自己很难发挥天赋。也许是因为父母才华出众，与父母相比，他们会认为自己毫无天赋，从而情绪低落。

现在，那些做着自己最喜欢的事，过着幸福生活的人，几乎都是同一代人。他们找到了自己的天赋，才有了如今的人生。

不过，即使你现在尚未发挥出自己的天赋，过上理想的人生，也不必沮丧。你一直没找到自己的天赋是有原因的，因为你"寻找的地方不对"，"寻找的方法不对"。本书指出了大家对天赋的误解，解释了"什么是天赋"，并介绍了"天赋的多种形式及其寻找方法"。

未使用天赋的人生，就像下面这样的例子。

"从高中或大学毕业后，我机缘巧合地进入了某家公司，顺其自然地听从分配，完成了某些工作。"又或者："顺理成章地继承了父辈的生意，一直做到现在。虽然我并不是真的很想做，但也不想出去找工作。虽然我也感到有些无聊，但不管怎样，还能有一份不错的收入来维持生计。"

如果你选择了大多数人都认为正确的一种生活方式，虽然可以获得一定程度的"稳定"，但各种"不满"也会随之而来。

虽然这种生活方式不会令你感到兴奋，但也很少会令你产生不安全感。听从别人的指挥去做事，按照既定的轨道去生活，你追求的是一种安定感，兴奋感自然就会减少，这也是没有办法的事。

### 你真是个平平无奇的小天才

从事这种稳定的工作，每天完成布置好的适量任务就可以了。工作完成情况不好时，你也会情绪低落；工作一切顺利时，你就会稍稍开心一点。这种生活不会有大起大落，日复一日，一成不变。

这样的人生虽然成就感不多，但相应的失落感也会很少。

从经济、社会、感情方面来说，这是一种很稳定的人生。

这也是很多人心目中的幸福人生。

如果你现在过的正是这样的生活，说明你在面对人生的十字路口，面对可以左右人生的选择时，做出了看起来顺理成章的决定。

当父母劝你"这个选择比较好"，或者学校的前辈和朋友也是如此这般时，你很可能会在不知不觉中做出同样的选择。

然而，使用天赋的人生是下面这种感觉。

首先，早上起床后，"好嘞，我今天要做哪些能令自己兴奋的事情呢？"他们一边思考一边敲下了快乐的按键。他们做着无人可以替代的工作，享受着工作的成就感，就这样，崭新的一天开始了。

苹果公司的创始人史蒂夫·乔布斯，也是从早上睁开眼睛的那一刻起，便开始了兴奋的一天。在一次演讲中，他说："今天也是一样，一想到能和世界上最有创造力的人一起做着最高水平的工作，我就会很兴奋。"

与普通人相比，靠天赋生活的人有更多的机会与那些富有创意、拥有天赋的人一起工作。

因为你发挥了自己的天赋，自然会和具有同样天赋的人在一起工作。和志同道合之人一起工作，每天都会有一种过着最奢侈的日子的感觉。

而且，他们有足够的经济实力，可以自由地投资自己、提升自己。他们能够打造一个让自己的天赋发挥到极致的环境，比如：拥有自己的画室、办公室、艺术工作室、书斋、厨房、别墅等。这些都会让他们的天赋更加精益求精，越来越熠熠生辉。

## 人生如此，享受还是躺平

使用天赋的人生和未使用天赋的人生的最大区别是"是否享受自己的人生"。

靠天赋生活的人，发自内心地享受自己的人生。他们做着自己喜欢的事，同时被周围的人所感谢，基本上都生活得很快乐。

所以，"今后做些什么能让自己更开心呢？""做什么事情能让别人也更开心呢？"他们只要想到这些，就会非常兴奋。他们会思考将来如何让自己的天赋绽放得更加绚烂，对于未来的自己，他们非常期待。

反之，未使用天赋的人，认为"自己的人生也就是这样了"，从某种意义上说，这是一种自暴自弃。无论是对自己，还是对自己的将来，他们几乎都不会感到兴奋。

  未使用天赋的人会对人生中发生的很多事情持消极态度。比如，被降职或者被调到不同的部门，他们就会很失落，认为"我可能已经不行了"。

  对靠天赋生活的人来说，即使发生了这样的事情，他们也会很自然地认为："要去挑战全新的事情啦，感觉很有趣，我真幸运。"而且，实际上这件事会让他的人生朝着很有趣的方向发展下去。也就是说，靠天赋生活的人，对待任何事情都是用加法。因此，无论遇到什么事，他们都不会白白地浪费自己的人生。

  反之，未使用天赋的人，因为害怕失败，总是感到不安和恐惧，经常忐忑不安地认为："会发生坏事，会给我带来麻烦。"即使一切进展顺利，他们也会认为"最好的情况也就这样吧"，所以完全享受不到其中的乐趣。

# 别人说不行，我看到可能

自从把"让自己的天赋绽放"作为人生的主题后，我发现了很多过去对自己的天赋视而不见的事实。

其实，很多人都天赋卓越，但大多数人都没等到发现自己的无限可能，便走完了一生。即使在某个时刻天赋初显，他们也会因为自己或周围人的无知而被忽视。

让我们通过几个例子，来看看天赋是被怎样的语言毁掉的。

## 这样做在社会上是行不通的

很多孩子从小便被要求好好学习。但在我看来，除了医生、设计师、工程师等职业，还有很多职业需要课堂以外的天赋。

美国有一位少年，是教室里的人气王，他喜欢讲笑话，捉弄老师，逗同学们哈哈大笑。

有一次，老师生气地说道："你以为搞笑能当饭吃吗？长大了你会后悔的。"

20年后，他成为美国最著名的喜剧演员和主持人。他最终就是靠搞笑赚到了大钱。

如果这位少年听了老师的话，放弃了自己的搞笑事业，恐怕他的天赋是不会绽放的。

所以，如果你以后再听到"这样做在社会上是行不通的"这句话，不妨思考一下"我是否想要屈服于那种无聊的社会"。

## 这样做在经济上是行不通的

即使难得拥有了某种天赋，很多人也会认为"不赚钱可不行"。他们认为，就算自己有些绘画的天赋、唱歌的天赋、写文章的天赋，但那没有什么意义。

其实，每一位伟大的作家，每一位世界级的画家，每一位音乐家，刚开始的时候都是不太自信的。初出茅庐之时，他们也根本赚不到钱。

而且，就算天赋本身不能赚钱，它也很可能促使你把本职工作做得更好。

如果因为"现在赚不到钱"就放弃了，那真是太可惜了。只要坚持下去，你就会有粉丝，也会越来越顺利，不要因为刚开始不赚钱就放弃。

## 反正你也做不到

对于天赋来说，这句话极具摧毁力。随口说出的一句话，很可能就剥夺了一个人的未来。如果你的老师、父母、朋友或你的伴侣对你说了这种话，你一定要拒绝接受。

哪怕是所谓的专家对你说这样的话，你也完全不必相信。因为很多在音乐、商业或体育方面取得成功的人士，都被所谓的专家说过"你是绝对不行的"。

不仅如此，在各个领域小有成就之人，绝大多数都曾在某个时期听到过这句话。频率因人而异，有的人甚至听过上千遍。而且，当你自己没信心的时候，你很可能也对自己说过不下百遍。

现在能够发挥自己天赋的人，都是即使遇到那样的打击也没有放弃之人。如果说让天赋绽放是有前提的，这个前提就是"永不放弃"。

你真是个平平无奇的小天才

# 你可能对天赋有什么误解

每个人都有天赋，但"深信自己没有天赋的人"却比比皆是。如果不消除这种误解，再怎么努力也无法找到天赋。就像你要寻找一个物品，最起码要知道这个物品是什么样子的。

有个笑话是这样说的：有个人在黑暗的道路上遇到一位正在拼命寻找什么的人。他试着询问那个人在找什么，对方回答说自己找不到钥匙了。于是，他问："需要帮忙吗？是个什么样的钥匙呢？"结果那个人说："我一直在寻找人生的钥匙，但我完全不知道这把钥匙到底应该是什么样子的。"

要真是这样的话，那个人当然怎么找都找不到了。因为，天赋是"看不见的东西"，是可以"感受到的东西"。

就像一个寻找爱的人，如果不知道爱是什么，他就根本找不到。这是同一个道理。

在理解"什么是天赋"的基础上，首先需要消除对天赋的误解。对天赋的误解有很多，大致分为以下七种。

第 1 章 平平无奇的你，是个天才

## 天赋只属于天才

第一种误解：认为"天赋只属于极少数的特殊天才"，就像打棒球的一郎选手①一样。这是一种误解，认为天赋从一开始就只属于那些特殊的人物。

每个人都有天赋，但通常人们都不知道自己的天赋到底是什么。人们不知道如何去挖掘天赋、磨炼天赋，所以深信自己没有天赋。

天赋属于每个人。有些人拥有有目共睹的天赋，有些人的天赋如同雾里看花。找到并磨炼自己特有的天赋，是人生的一大乐事。

## 天赋等于职业

第二种误解：一想到天赋，马上就会把它与职业联系起来。只依靠一种天赋就能着手工作的职业种类极为有限，如歌手、运动员、作家等，这种人生只能凭借天赋来一决高下，是比较特殊的职业。

"如果不能凭借天赋立刻找到工作，就不能称之为天赋"，要是一直抱着这种想法，很可能会失去难得的机遇。比如：仅凭唱歌的天赋，并不一定能成为一流的歌手，但如果同时拥有表演

---

① 铃木一郎：日本职业棒球运动员，被称为日本的棒球之神。

和制作的天赋，就可以成为一流的音乐制作人。

只要把多种天赋很好地组合在一起，就能过上只有你才能实现的快乐人生。好不容易找到了自己可能拥有的天赋，但因为没能因此立刻找到相应的工作，就误认为这不是什么大不了的天赋，这真是太遗憾了。

## 没有经济效益的就不是天赋

第三种误解来自商人常见的思维方式，这种思维方式认为不能带来经济效益的天赋毫无意义，因此对于好不容易发现的天赋，会错误地给予零分的评价。

比如，"待人亲切""会修理东西""喜欢在聚会上活跃气氛"等，这些都是很棒的天赋，但仅凭这些并不能马上让你有经济收益。

当然，作为销售人员，仅仅因为对客人和蔼可亲这一决定性的因素，也可能会让客人掏腰包。但你要知道，即使某种天赋不能单独带来经济效益，也并非没有价值。

## 天赋是靠遗传的

第四种误解：认为天赋是靠遗传的。

比如，有人说："我的父母很普通，也没什么天赋，所以我也不会有什么天赋的。"

即使父母没有天赋，也不见得你一定没有天赋。

反之，就算父母有天赋，也不代表孩子就一定有天赋。父母和孩子的天赋遗传关系不大的情况反而更多。

有的父母有制作东西的天赋，他们的孩子却有在人前演讲的天赋。有的父母是医生，有治病救人的天赋，他们的孩子却有音乐方面的天赋。这些例子说明：孩子和父母的天赋不一样的可能性很大。

在歌舞伎①的世界以及体育界，虽然也有父辈和子辈都取得成就的情况，但我认为，除了遗传因素，这与精英教育和训练环境也有关。

## 没有耐心就找不到天赋

第五种误解：认为没有耐心的人找不到天赋。

经常有人说："我不管做什么事，都会很快厌倦，所以很难找到自己喜欢的事情。"的确，大家可能会有这样的印象：只有专注于一件事并不断付出努力的人，才能让天赋绽放。

比如，我们经常听说很多人为了取得一流的成就，"每天必须弹八个小时钢琴"或"通宵熬夜做面包"等。越听这些说法，

---

① 歌舞伎是日本典型的民族表演艺术，布景精致、舞台机关复杂，演员服装与化妆华丽，且演员清一色为男性。被联合国教科文组织列为非物质文化遗产。

我们就越觉得自己缺乏毅力，容易厌倦，无法成功。

以我为例，我一直是个思维跳跃的人，很难把精力集中在一件事上，所以什么都做不好，总感觉自己是个没用的人。

但是，当我找到自己在写作和演讲等方面的天赋，并将其作为自己的毕生事业时，我意识到做这件事并不会让我感到厌倦，因此我非常开心。

现在，我写书已经有十几年了，合计写了70多本书，却从来没感到麻烦或厌倦。对于演讲会和研讨会，我同样如此。只要一想到我将要在千余人面前演讲，我内心就非常快乐，演讲当天早上一睁开眼，我就开始兴奋激动。

所以，你可能只是尚未有过完全沉浸于某件事的体验，所以才会固执地认为自己没有耐心。

我保证，一旦你找到了自己发自内心真正喜欢的事物时，你绝对不会厌倦。反之，如果你在做一件事的过程中感到厌烦，那么你要意识到，这可能并不是你真正喜欢的事。

我26岁之前的人生，碌碌无为，极为普通。我总觉得自己每一天都过得很痛苦，总感觉哪里不对劲，在精神上备受折磨。

后来，我清楚地意识到自己的天赋是什么。从此，我每一天都发自内心地兴奋，幸福得无以名状。常听到别人说"幸福是从心底涌出的感觉"，这应该就是我现在的状态吧。

那些没有体验过完全沉浸于某件事的快乐的人，每天平淡度日，根本不知道自己的损失有多大。

好好思考一下，你到底是没有耐心，还是尚未遇到自己真正喜欢的事情。

## 年少时才能开发出天赋

第六种误解：认为天赋只有在年少的时候才能被开发出来。

很多人认为，如果不在十几岁或二十几岁之前开发，天赋就无法绽放。就像过去商业中典型的"丁稚奉公制度"[①]一样，很多人都认为，不趁着年少的时候掌握这些知识是根本行不通的。但其实并不是这样的。

像运动和乐器等一些特殊的天赋，确实是起步越早越有优势。但除此之外，还有很多天赋与年龄无关。

从年少的时候开始做起，也仅仅是在持续时间上有优势而已。

天赋都是越早开发越好吗？也不尽然。年少的时候如果过度开发天赋，很可能会造成心灵的创伤。

很多人被强迫练习游泳、钢琴、书法等，本来刚入学的时候非常有天赋，但最终半途而废了。

过度的精英教育，可能会毁掉一个人的天赋。如果父母自私

---

① 丁稚奉公制度：日本的一种学徒雇佣制度，丁稚是指当学徒的少年，他们的年龄通常在十岁左右，基本没有任何报酬。

地强迫孩子，最终父母和孩子都会很痛苦。

## 天赋有一天会从天而降

　　第七种误解：认为天赋会在某一天从天而降。

　　天赋并不是你丝毫不动脑筋，就会有位天赋女神突然下凡，告诉你说："你的天赋，就是当一个插画家。"也不是某一天你灵光一现，天赋如同神谕一般从天而降，告诉你去开一个面包店。

　　天赋一定是你在积极尝试各种事情的过程中逐渐找到的那个焦点。

　　在此之后，你自己才会意识到这一结果："哦，原来这就是我的天赋。"什么都不做，突然就知道自己的天赋是什么的人，是极其罕见的。

## 靠天赋生活的人都是特例

　　你可能会想："靠天赋生活的人，不都是一些例外吗？"因为靠天赋生活的人毕竟是少数，所以案例也比较少，但他们并不是很特别的人。至少，他们不是所谓的天才。正如我刚才所说，无论在外表还是在气质上，这些人都是普通人。

　　稍有不同的是，他们会"在自己擅长的领域克敌制胜"。

　　因为他们做的是自己发自内心快乐和享受的事情，也是自己擅长的事情，所以他们很少会像普通人那样感受到压力。

## 第 1 章 平平无奇的你，是个天才

而且，这些现在靠天赋生活的人，并非从小就发挥出了自己的天赋，而是从长大成人后的某个时点开始，天赋才慢慢绽放。

比如，在公司被调岗、转行，或者和某个人相遇，以及看了某本书。以这些小事为契机，人生会一点点发生变化。在这个过程中，他们找到了自己的天赋，建立了自己独特的生活方式，并一直持续至今。

你真是个平平无奇的小天才

# 我们都活在各自的时区

**从来没有太晚的开始**

正如前面第六种误解提到的那样，很多人都认为"必须从年少就开始开发天赋"。但是靠天赋生活的人，并不一定是从孩提时代开发天赋的。

有些人20多岁的时候才意识到自己的可能性，有些人到了30、40、50甚至60岁以后，才意识到自己的天赋。

只要有了"我也能做点什么"的想法，天赋就会开始一点点绽放。无论年龄几何，永远都来得及。

在我的一次演讲会上，有个20多岁的人说："我的人生已经来不及了。"旁边一个30多岁的人反驳说："你还能做很多事情啊，我都已经30多岁了。"于是，一位40多岁的人说："那你也比我年轻10岁啊。"这次，一位50多岁的人接着说："你们还都很年轻啊。"如果当时会场里有一位70多岁的老人，他一定会生气地说："跟我比，你们全都是小毛孩！"

开发天赋与年龄完全无关。

第 1 章　平平无奇的你，是个天才

肯德基的创始人哈兰·山德士①70 多岁才创办公司，而且取得了成功，从这一件事中就可见一斑。

但是，如果一直限制自己的思维，认为自己年龄大了，什么都做不了了，那么即使才二十几岁，未来也很可能没有光明。

**不存在发现天赋的适龄期**

有一个说法叫"结婚适龄期"。过去人们认为，就像圣诞蛋糕，人过了 25 岁就不值钱了，所以在 24 岁之前结婚比较好。虽然现在很少有人用这种说法了，但从统计数据来看，从 25 岁到 35 岁的这 10 年是结婚可能性最高的时期。

根据我对各个年龄段的人进行的采访来看，大概在 35 岁以后，结婚的人数会减少。在 35 岁之前，很多人几乎每个月都能接到朋友婚礼的邀请，但过了这个年龄，这种邀请突然就没有了。同时，自己与结婚对象相遇的机会也会骤减。如果不采取很刻意的行动，是很难遇到结婚对象的。

那么，是否同样也存在着一个类似于"结婚适龄期"的、发现天赋的适龄期呢？我的回答是：看似有，但实际并不存在。

的确，大多数人都是在结婚适龄期发现了自己的伴侣。不过，

---

① 哈兰·山德士，是肯德基品牌的创始人。他在成长历程中吃过很多苦，最终取得了巨大成功。

与结婚不同的是，无论年龄几何，人们都可能发现自己的天赋。

一般情况下，人们在20多岁的时候开始从事各种工作，快的话，在几年内就能找到自己真正想做的事情；之后再经过反复试验，大约在30岁的时候能够确定自己擅长的领域。如果你一直在认真寻找，直到40多岁仍然毫无头绪的话，那你很可能用错了方法。

因此，就算你已经四五十岁了，也永远不会太迟。

但是，由于这个年龄段的人头脑已经开始僵化，他们需要比年轻人付出数倍的努力才行。而且，他们也不像20多岁的人那样容易被周围人理解和接受，这也构成了一种阻碍。即使他们想要开始尝试不同的工作，也会遭到周围人的反对。一旦意志不够坚定，他们就会有妥协的想法："虽然我喜欢做，但是退休以后再去做也可以吧。"而且，现在的状态也不失为一种不错的生活方式。

## 不必成为别人，只需做自己

天赋最能拨动一个人的情绪。换句话说，如果你的情绪出现了大幅度的波动，很有可能是因为天赋出现了。

天赋隐藏在内心的最深处。就像不发生地震就无法形成温泉一样，只有当某些重大事件发生时，才会为天赋创造一个喷涌的出口。

## 第1章　平平无奇的你，是个天才

当你遭遇惨重的失败，穷困潦倒、被裁员、生病、对男女关系绝望，或者这些事情同时发生的时候，你才会去思考："我还好吗？""就一直这样下去行吗？"特别是消极的情绪，能够在遮挡天赋的壁垒上凿开第一道裂缝，让真正的自己从缝隙中显露出来。这是因为，只有经历过痛苦，人们才会开始思考"自己到底是什么人"这个问题。

我认为，"我到底是什么人"这个问题，是人生中最简单而又最重要的问题。

自古以来，所有的哲学家都在探索这个问题。面对这个人生中最大的问题，你的答案决定着你的人生。

也许听起来有点夸张，但是，你的人生就是由你对"我到底是什么人"的回答决定的。如果你认为自己只是普通的上班族，那么你很可能做的就是任何人都能做的工作。如果你认为自己只是普通的家庭主妇，那么很可能你只会待在家里做家务。

如果你认为自己是"享誉全球的艺术家"，你的人生也会如你所愿。认为"我是医生""我是教育家"的人，也将从事这些职业。

越能深刻领悟"我到底是什么人"，你的人生就越快乐，生活就越轻松。这是因为，你不必成为自己以外的任何人。而且，能做真正的自己，会有一种任何东西都无法替代的喜悦之感。

你真是个平平无奇的小天才

# 天赋觉醒，世界为你亮灯

你的天赋一旦觉醒，就会产生各种各样的变化，让我们来看看具体都有哪些变化吧。

## 接触的人群会有变化

第一种变化是：当天赋之光开始闪耀时，你所接触的人群也会完全不同。

迄今为止，如果你一直过的是普通的生活，我想你周围也应该是非常普通的人。可是，一旦你开始发挥天赋，开启自由的生活方式，聚集在你周围的人群也会随之发生变化。

你会遇到和自己一样运用天赋之人、有创意之人和有能力之人。

基于你天赋的开发程度，你周围的人群也会改变的。如果你是一个略有创意之人，那么你遇到的人也是大致相当的水平。但是，你在某一领域有所成就后，你接触到的人会变成在其他领域很成功的人士。只是单纯地和这些人在一起聊聊天，你都会很兴奋吧。

## 工作和生活方式不断升级

第二种变化是：你的工作和生活方式会不断升级。

如果只是服从别人的安排去做事，是很无聊的。如果运用自己的天赋去做事，你每一天都会变得很快乐。你的创意会不断涌现出来，与更多的同事、客户产生共鸣，你的同事圈、客户圈不断扩大。会有很多人被你吸引，想和你交流。

一旦有一种天赋被开发，一定会有另一种天赋随之绽放。只要某一种天赋被顺利开发，其他天赋也会连锁反应般被开发出来。事情会变得越来越有趣。以我为例，我就是同时开启了"在人前演讲的天赋"和"写作的天赋"。

## 信息会不断汇集

第三种变化是：在开发天赋的过程中，你会与同样水平的人相遇。

你可以和活跃在这个领域的人们进行交流，搜集到这个阶层的各种信息。在你逐渐成为一流人士的过程中，你周围的信息也会变成最高水平的信息。当你把这些信息很好地传递给周围的人时，又会有新的、带有附加价值的信息反馈回来。

## 客户和机遇会主动找上门

第四种变化是：靠天赋生活的人，各种委托会蜂拥而至。

### 你真是个平平无奇的小天才

不管他做何种职业，都不需要再去营销。开拉面店也好，做保险销售也好，当医生和律师也好，都不需要去费力营销。因为一个在工作中出类拔萃的人，其他任何人都想主动接近他，主动联系他。

就像在价格相同的情况下，即使需要多花些时间排队，人们也愿意去人气旺的拉面店。越难预约到的牙科医生，你就越觉得可靠。

同样，当你的出色工作有口皆碑时，工作的委托就会纷至沓来。

这种委托也许是邀请你去演讲，也许是共同合作做些什么。

没有天赋的人，必须要进行营销。拥有天赋的人，只要从不请自来的各种委托中选择自己最想做的事情就可以了，而且这种选择会使其工作水平越来越高。

**想赚多少，就能赚多少**

第五种变化是：你想赚多少，就能赚多少。

即使工作完全一样，没有天赋的人，也总会面临被客户压价和索赔的风险。而且，基本上他们得到的报酬不会高于社会的平均值。

那些既拥有天赋又有富有创意的人，因为颇具能力，所以报酬会比做同样工作的其他人高。

第 1 章 平平无奇的你，是个天才

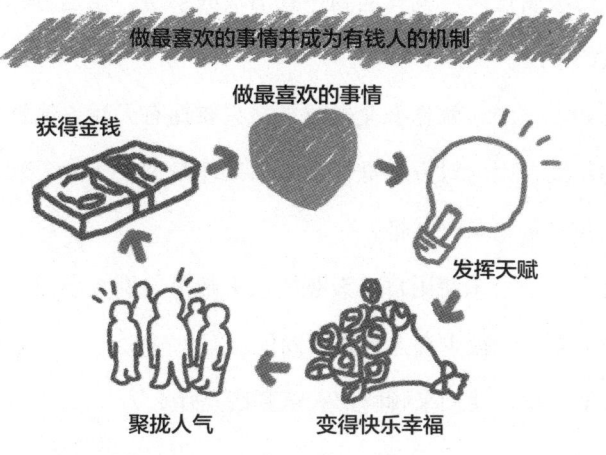

同时他们也会受到尊重，不会被压价。因为慕名而来的委托人是不可能压价的。

## 运气会越来越好

第六种变化是：你的运气会越来越好。

有天赋的人都有自己独特的生活节奏。

周围的人能从他们身上感受到一种发自内心的、完全享受着现在所做之事的兴奋感。而且，这种感觉会感染他人。自然，他的运气也会越来越好，因为他很容易将周围的人、机遇、金钱、信息全都吸引过来。就算遇到一些消极的事情，他也更容易得到周围人的帮助。

比如，一个人就算事业失败了，只要拥有天赋，他就会得到他人的帮助，因为对方会觉得："如果埋没这个人的天赋就太可惜了，我要帮他东山再起。"

反之，一个未使用自己天赋的人失败了，别人会认为"这是没办法的事"，很少有人想要帮助他。

在下一章，我们来聊聊"天赋到底是什么"。

# 第 2 章
# 天赋是个什么东西

天赋就是相信自己,相信自己的力量。

——高尔基

# 别问"什么是天赋"

## 天才也想不出什么是天赋

在这一章,对于"天赋到底是什么"这个主题,我将从多个角度进行深入剖析。

在寻找天赋的时候,有人拼命地用头脑去思考,试图靠思考找到天赋。然而,天赋并不是靠头脑想出来的,因为天赋不属于"思维领域",而属于"感觉领域"。

如果靠思考去寻找天赋,即便已经踏上寻找自我的旅程,也找不到真正的自己,因为"真正的自己"并不是丢失在某个穷乡僻壤,去了就能找到的。

擅长理性思维的人喜欢通过数据去看天赋"是否对人有帮助",这样做是行不通的。因为从数据层面是感觉不到"原来这就是天赋"的。

要想找到天赋,那种让人感动的真实体验更加重要,如感受到"啊,原来自己做的事,能起到这么大的作用啊,真高兴"。

你真是个平平无奇的小天才

## 与其思考，不如感受

"我的天赋到底是什么"，一想到这个问题，你的脑海里可能浮现的全都是天赋异禀的名人和伟人。

再反观自己，既没有成为专业运动员的天赋，也不会轻歌曼舞；既不会设计建筑，也没有表演的天赋；要说对电脑很精通，其实也没有那么专业；既不懂销售的技巧，也不是学工商管理专业的；自己什么资质证书都没有，果然是一无所长，干什么都不行。所以，你认为自己根本没什么天赋，只能牢牢地抓住现在的这份工作，否则就难以维持生计。

其实，天赋是要靠心灵慢慢去感受的东西，如果平时不能自由地感受自己的内心，你是不会明白的。这和恋爱一样，如果感受不到爱，你就不知道自己是否爱着对方，又是否被对方爱着。哪怕只是一点小事，你也能感受到"我的确是被爱着的"，这种内心状态非常重要。

## 过早放弃的天赋没有意义

寻找天赋有两个时机，一是处于消极情绪中时，一是处于积极情绪中时。

天赋，其实是在情绪产生大幅波动的时候出现的。这有点像"地震时地面开裂，温泉水涌出来"的感觉。挖掘天赋的过程也是这样，就像挖掘温泉一样。

## 第 2 章 天赋是个什么东西

像棒球选手一郎和获得日本象棋[①]名人头衔的羽生选手[②]这样的天才，就是在已有的"温泉"中诞生的人。

这样的例子对于普通人没有太大的参考价值。因为像他们这样的天才，从小就明确了自己将来要做什么，所以他们的事没有什么参考意义。

他们就像以外语为母语的人，根本不知道如何从理论上去解释他们母语的构成，因为他们自出生以来，就自然而然地说着这种语言。他们也不知道自己是用什么方法掌握这种语言的。

与那些生来就拥有天赋的天之骄子不同，大多数人为了挖掘自己的天赋，必须用钻探深入自己内心的地层。

有的人很幸运，只挖了一米就找到了温泉，而有的人挖了一千米都没有成功。就像有人在 10 多岁的时候就发现了天赋，也有人在 70 多岁的时候才找到自己的天赋，哈兰·山德士就是如此。

但是，有意识地审视自己并付诸行动，可以加快这个过程。

接下来，我们就从多个角度来看看"天赋到底是什么"吧。

---

① 日本象棋，也叫将棋，是日本的传统文化之一。比赛名目繁多，除名人战外，顶级赛事还有龙王战、王将战、棋圣战、王座战、王位战、棋王战等。

② 羽生善治，日本象棋棋士。各项头衔战获得数位列历史第一。

你真是个平平无奇的小天才

# 小日常的大天赋

**自然而然就能做好的事**

所谓天赋，就是一个人无须过多思考，自然而然就能做得很好的事。

在这些事情中，既有像"写文章""唱歌"等通俗易懂的天赋，也有类似"善于与人谈心"等比较不容易被发现的天赋。

比如：有的人长相和蔼可亲，只要看到他的脸，其他人就会很自然地想向他诉说一些烦恼。一直很关照我的占星术师来梦女士，从小学开始，她的很多朋友就经常找她倾诉烦恼。长大以后，朋友们依然不停地打电话给她，她家里的私人电话经常是"您所拨打的电话正在通话中"的忙音。现在的她人气更旺，需要提前两年才能预约到。

对她本人来说，这种事情是很自然的，是理所当然、水到渠成的。很多人压根没有想过原来这就是"天赋"。

即使你自己没有意识到，你也会自然而然地走这条路，这就是天赋。

比如，无论走到哪里，你都会被老爷爷、老奶奶和孩子所喜欢，这也是一种天赋。另外，你周围应该也有那种天生就和动物很亲近的人，他们能够像朋友一样与猫、狗或者马等动物聊天交流。更神奇的是，这些动物似乎能听懂他说的话，并做出相应的反应。如果这样的人去做与动物相关的事情，他的天赋就会绽放。

## 一有时间就想去做的事

所谓天赋，就是只要有时间，你就想去做的这件事。

你应该听说过某位音乐家在吃饭时把歌词写在餐巾纸上的故事。如果你是一个作家，你就会在餐巾纸上面写出你想到的词语，如果你是一个设计师，你可能会在餐巾纸上面画出建筑设计的草图。

把你在日常生活中，在无意识中花了很多时间去做的事情记录下来吧。

## 引发灵感的事

某位艺术家说过："天赋，就是灵感。"他只要一看到白色的画布，绘画的灵感就会舞动起来。

还有一位天才音乐家说过："在作曲的时候，我能听到音乐声"。还有的作家说自己"下笔如有神"。我曾见过莫扎特的乐谱手稿，上面几乎没有任何修改，一气呵成。有些天才作家也能够文思如泉涌，行文如流水，根本不需要一字一句地修改。

一流的厨师也是一样，他们不用去计量调料和意大利面的分量，仅凭感觉就能做出一流的料理。用他们的话说："我的手感会告诉我需要放多少盐。"

这些天才有一个共同之处，那就是"不考虑太多"。即使不思考，也能做出完美的东西，这就是天赋之才。

## 触发逆向思维的事

我们在一部分艺术家身上会看到这种天赋，他们能够通过显露黑暗面来触发人的情感。

他们的绘画或音乐作品会让人觉得心情压抑，还有那种读过以后感觉非常心酸的小说、电影、戏剧，以及令人望而生畏的雕塑，等等。这样的作品在现代艺术中很常见。这也是一种天赋。他们是善于激发人们逆向思维的心理专家。在正向思维居多的人群中，这种天赋弥足珍贵。

由于发言失误而引发争议的政客也适用于此。在人人都讲场面话，谁也不说真心话的日本政府机关里，那些直言不讳的专家顾问和评论家，常会引起别人的反感，但是他们的角色非常重要。

那些从小就喜欢恶作剧，爱惹人生气的人就有这种天赋。虽然可能不受一般人的欢迎，但这无疑是一种出色的天赋。

## 让自己引以为豪的事

你现在所做的事情，可以自豪地讲给孩子和朋友们吗？

无论是什么工作，只要能让你情不自禁地向别人炫耀"怎么样，很厉害吧"，那就是你的天赋。

"我收集了很多模型""默默地清理河滩""每天在电车和公交车上都会让座"……这些琐碎的事都算天赋。

无论周围的人如何评价你，都没有关系。只要你自己感到骄傲和自豪，那就是你的天赋。

## 让你欢呼雀跃的事

有什么能让你感到兴奋的事情吗？

它可能是一种爱好，也可能是某种活动。有的人喜欢旅行，有的人喜欢在聚会上活跃气氛，有的人喜欢思考商业模式……这些都可以是你的天赋。

只要你为之感到兴奋、激动，就说明那里产生了能量的共振。

人际关系也是一样。无论男性还是女性，只要相见时感到兴奋，就说明彼此的心灵在共振。这种时候，就会感觉到"无比开心"。

这种心灵的共振一般会在什么情况下产生呢？只要平时有意识地去观察，你就会找到你的天赋所在。

# 拾起天赋，治愈他人

## "爱"不是天赋，表达爱才是

所谓天赋，就是一个人对爱的表达。

在做料理方面有天赋的人，只有抱着"想让别人吃到美味的东西"的愿望，才能把料理做好。如果你是一个舞者，你会为了观众而起舞。如果你是一个设计师，你会希望给在当地生活和工作的人们设计出舒适的空间。

为了治愈患者，有按摩天赋的人会毫不吝惜付出自己的知识和智慧。为了孩子们的未来，有教育天赋的人同样如此。

他们是出于爱，才会这么做。

## 带去幸福，收获天赋

拥有天赋，就要做能带给别人喜悦的事情。

你做过什么能够让别人感到喜悦的事情吗？

即使是"帮他介绍了一个人""倾听了他的烦恼""给予了关于时尚的建议""教会他网页的制作方法"等琐碎的事情，也会让对方非常高兴。这些事情你并非刻意而为之,而是自然而然去做的。

这就是你的天赋所在。当然,这些天赋不是马上就能看到效果,而是会逐渐发生质变。

同样,拥有天赋,还要做对人有益的事情。

就算不能直接给人带来喜悦之情,也一定会有人因此而收益。

比如,电力工程、道路施工、水坝的设计等,这些工作很少会直接带给人快乐,但只要这些事能帮助到别人,就足以证明它们是你的天赋。

请想象一下,许多人因为你的天赋而得到了幸福。这种天赋也许不像歌手和运动员那样光鲜亮丽,但都是非常出色的天赋。

## 料理、温泉和音乐

有人说:"所谓天赋,就像温泉一样。"因为人们一旦接触到它,就会被治愈。

有一家已经经营了40多年的拉面店,老店长十分喜欢做拉面。每次我进到店里,就会有一种心境平和之感。擅长倾听别人的烦恼,为人指点迷津,是直接表现出来的天赋,而我只要和他待在一起,我的心情就会轻松愉悦,如释重负,这也是他非常卓越的天赋。

因为他拥有这样的天赋,老顾客经常只是为了见店长一面而来到这里。就像人们一起聚在温泉里一样。能够营造如此的安全感，这种天赋真是超群绝伦。

因此，治愈心灵的能力，就是天赋。

就像刚才所说的温泉一样，天赋拥有治愈心灵的力量。有时候，拥有天赋之人制作了一道料理，出色的音乐人演奏了一首乐曲，就会使人泪流满面。或者，在看电影、舞台剧以及读小说的时候，人们之所以感动到流泪，是因为那里面有能够治愈心灵的元素。

充满爱心的料理、音乐、文章和建筑，都能够打动人心。那里面蕴含的某些东西是无法用物质来衡量的。

能够让人感动，是一种了不起的天赋。

刀工精湛的精致料理、美丽的建筑、精彩的表演，都会让人感动。

无论做什么，只要能让人感动，就说明你已经站在了成为行家的入口。一碗拉面、一首歌、三分钟的演讲……只要能让人感动，你的天赋，就已经开始绽放了。

你见过街头艺人或马戏团小丑吗？

他们拥有带给人快乐的天赋。人们只要看见他们，就会放松心情，变得开心快乐。这就是他们的天赋。

专业的艺人都是靠这种天赋生活的。对普通人来说，只要意识到自己也拥有这种天赋，他们的人生也会发生变化。

每个人都想和快乐的人待在一起，如果你也有这种娱乐的天赋，就好好利用起来吧。你一定能通过这种天赋扩展人脉、改变人生。

> 你真是个平平无奇的小天才

# 人生需经历，天赋要磨砺

## 从痛苦的体验中发现

天赋，也是从痛苦的人生体验中产生的。

孩子因意外或疾病而夭亡、自己得了癌症、商业投资失败而破产等，很多人都克服了这些巨大的痛苦，使人生发生了戏剧性的改变。

在经历这些痛苦后，有的人开始致力于防止事故的发生，有的人开始对陷入同样困境的人们给予鼓励和帮助。在这个过程中，他们找到了治愈心灵、鼓舞士气的天赋。

### 天赋的各种形态

| 积极的天赋 | | 消极的天赋 | |
| --- | --- | --- | --- |
| 使人开怀大笑 | 声音悦耳动听 | 惹人生气 | 浪费金钱 |
| 使人心平气和 | 勇于挑战新事物 | 心直口快 | 不遵守时间 |
| 鼓舞人心 | 取得领导地位 | 严以待人（待己） | 闭门不出 |
| 能够安定人心 | 心灵手巧 | 完美主义 | 声如蚊蝇 |
| 使人开心愉悦 | 行动力强 | 笨手笨脚 | 胆小怕事 |
| 感动人心 | 建立人与人之间的联系 | 不善于表达情绪 | 不擅长集体行动 |
| 激发斗志 | 重视团队合作 | 优柔寡断 | 否定型人格 |

| 积极的天赋 | | 消极的天赋 | |
|---|---|---|---|
| 有解决问题的能力 | 风趣幽默 | 动作迟缓 | 缺乏勇气 |
| 治愈心灵 | 善解人意 | 失口乱言 | 妄自菲薄 |

\* 即使在这些消极的行为中，也沉睡着很多天赋。

| 静态的天赋 | | 动态的天赋 | |
|---|---|---|---|
| 洞察力强 | 乐于助人 | 销售 | 写作 |
| 审美能力强 | 与人为善 | 采购 | 调动组织 |
| 志存高远 | 深思熟虑 | 运动 | 提供新型服务 |
| 精打细算 | 处事灵活 | 讲话 | 传道授业 |
| 善于发现自己的长处 | 重情重义 | 跳舞 | 组织团队 |
| 善于夸奖自己 | 当机立断 | 唱歌 | 整理整顿 |
| 善于发现别人的长处 | 嗅觉敏锐 | 摄影 | 操纵 |
| 善于夸奖别人 | 听取各种声音·故事 | 绘画 | 抚慰 |
| 善于记忆名字和相貌 | 追根求源 | 带给人快乐 | 加强人与人的联系 |

当一个人从人生的痛苦经历中逐渐恢复时，上面的天赋会在这个过程中自然而然地出现。而且，这些天赋发挥得越好，就越容易治愈过去的痛苦。

## 天赋就是人生的目的

充分利用天赋的人都有一个共同之处——认为现在所做的事情就是自己毕生的事业。

他们发自内心地相信，自己"天生就应该做医生""天生就应该做教育家""天生就应该做演员""天生就应该做销售"。

所谓天赋，就是一个人的人生目的。天赋对每个人来说都很重要，也是很个性化的东西。

世界上有多少人，就有多少种天赋。每个人的天赋各不相同，完全没必要去效仿别人。天赋需要自己用心去感受。

## 天赋之职和适合之职

在演讲会上，我经常能听到对这两类职业的疑问。

天赋之职，与一个人降生的目的有关，是其命中注定要在此生从事的职业。适合之职是指适合这个人的职业。

如果一个人做的是适合自己的职业，他就能获得社会层面和经济层面的满足感，也能得到别人的感谢，拥有工作的价值。但是，他得不到深层次（或者说是灵魂层面）的满足感。

天赋之职，是一个人天生就是为了做这件事而存在的。他为了做成这件事，甚至可以分文不取。

他只要去做，就会有深深的满足感，所以报酬是可有可无的。

为了做这件事，他甚至可以废寝忘食，完全沉浸于做事的快乐之中不可自拔，这就是天赋之职。

从适合之职过渡到天赋之职，是相当困难的。因为对于有些人来说，这两种职业可能风马牛不相及。

有些人从小就成绩优异，后来成了医生、律师、工程师等，但在他们当中，有些人过了40岁才发现：其实自己并不想做这样的工作。

在我身边就有一个从医生转行为陶艺师的例子，也有人辞去了大企业的部长职务，加入了海外协力队①。

我很喜欢的盲人歌剧艺术家波切利②曾是一名律师，但他不愿意放弃唱歌，通过自学演唱，他终于成了一位世界级的歌手。

## 当作兴趣还是变成职业

到底应该把喜欢的事情当作兴趣，还是变成职业，可能很多人都因此而烦恼。比如：有陶艺天赋的人，可以在做医生的同时，也喜欢陶艺。

所谓人生，归根结底就在于自己如何分配时间：是全身心投入到自己真正想做的事情中去，还是考虑到收入问题，只在周末才去做自己喜欢的事情。

总之，我认为，对于自己热衷的事情，如果能让自己开心，还是应该去做的。然而，很多人完全放弃了自己的兴趣，为日常

---

① 海外协力队，是由日本政府的ODA（政府开发援助）预算实施的JICA的事业，目的是为发展中国家的人民做贡献，是根据发展中国家的要求（需求），把拥有与之相称的技术、知识、经验并怀有热情的日本志愿者派遣到发展中国家进行援助的机构，由日本外务省的特殊法人——独立行政法人国际协力机构（JICA）领导。

② 安德烈·波切利（Andrea Bocelli）意大利著名盲人男高音歌手，毕业于比萨大学法律系，并做了一年律师。他被称为"拥有被上帝吻过的嗓子"，成功地将歌剧唱腔融入流行歌曲中，创造出超越流行和古典之间的独特流派。

琐事而奔忙。我想,他们或许是担心一旦自己沉浸在兴趣当中,便难以自拔,所以才望而却步。

比如,从学生时代就一直爱好音乐的人,完全可以在繁忙的工作之余,每天抽出 10 分钟时间来弹奏乐器,但似乎很多人都没有这么做。

究其原因,是因为他们担心一旦开始去做,就会停不下来。

"音乐太让人开心了,真是让人欲罢不能,但是,我现在必须去公司了。如果总是陷入这样的两难选择,那我还是不要再接触音乐了。"这也许是无意识的想法,但它导致整套架子鼓被尘封了 10 年都没有使用。这样的例子不胜枚举。

不管是兴趣还是工作,只要能让你感到快乐,就一定不要放弃,这一点很重要。

## 勇气不足就找不到天赋?

经常有人问我天赋与勇气的关系,那我就来聊聊吧。

我经常被问道:"如果不拿出勇气,就找不到天赋吗?"

当然不是了。但是,一个谨小慎微的人一旦遇到问题,极有可能马上退缩,而有的人会嚯的一声闯入虎穴。这两种人对机会的把握方式就完全不同。所以,即便心怀畏惧,只要觉得有趣,也要试着做一下,这种对感受的接受能力很重要。

从这个意义上来说,勇气可能是必要的,但只要自己内心的能量提高了，身体就会自然而然地开始行动。如果你的勇气不足，可以等到内心能量积累到一定程度后再去尝试。

**努力不够就无法释放天赋？**

　　一听到天赋这个词，有的人就会叹息："我做不到坚持不懈地努力，所以我不行。"他们认为："如果我不够努力，我的天赋就无法被释放。而我又没有坚持到底的毅力，所以我不可能拥有天赋。"

　　真相是这样吗？

　　充满激情和斗志的人的确更容易释放天赋。看到那些早出晚归，全身心投入的身影，一切便不言而喻了。

　　那些人由于忘我地投入，并没有感到自己有多么努力。

　　比如：为了研究出新口味而通宵未眠的拉面店师傅；在美发店下班后依然热衷于练习发艺而错过了末班车的见习发型师；当灵感从天而降时，除了上厕所，每天连续创作16个小时的漫画家。

　　这些人并没有意识到"我在努力"，因为他们太投入了。只有当周围的人告诉他们以后，他们才会意识到"我不是普通人"。

　　这并不是因为他们在努力做事，而是因为他们进入了一种境界。

你真是个平平无奇的小天才

# 天赋是家庭共有财产

## 你的天赋有伴侣一份

天赋与伴侣,是一个颇为有趣的话题。

"你是有天赋的!"如果能持续得到伴侣的鼓励,即使再辛苦,你也愿意好好努力。

你一定听说过很多类似的故事。一个拥有天赋的成功人士,一定有一个很好的伴侣在背后支持着。比如:无论爱迪生多晚回家,他的夫人都会微笑着问他当天的进展情况。

当你想做什么事情的时候,一开始通常很难信心十足。在这种时候,有一个比你更相信你拥有天赋的人在身边,你便有了底气。

也许有人因此认为"如果伴侣不支持我,我就不行了"。天赋的有趣之处在于,它并不一定因为伴侣的支持而绽放。

虽然得到对方的支持会更容易成功,但从很多成功的案例来看,并不必然如此。

你听说过"恶妻成就天才"这句话吗?一些人因为不被妻子

所理解，才会把注意力转移到作品和工作上。或许这不能被称为幸福，但这种成功模式的确存在。

当得不到妻子或丈夫的理解时，另一方会把这种无处释放的负面情绪转化成能量，奉献给艺术，这样的故事经常出现在艺术家的传记中。据说林肯的夫人挥霍无度、性格乖戾，林肯在备受精神折磨的同时，也成就了他的政治家生涯。

选择哪种模式，完全取决于你自己。

## 你的天赋与家庭密不可分

有趣的是：天赋与家庭关系也有着密切关联。

大家可能都注意到一种现象。歌舞伎以及传统技术的手艺人等大多世代相传。甚至医生、花店、商店等个体商户以及建筑师、税务师等，也有很多子承父业的例子。

然而，有的后代对这种传承很抵触。医学世家中有的子弟并没有继承衣钵，而是选择了自己想做的事情，结果被贴上了"背叛家族"的标签。

"如果不能和家人建立良好的关系，不管我有多成功，都是家族的背叛者。"处于这种立场的人，首先需要治愈心灵的创伤。

另外，了解自己的家族是如何生存发展的并尊重这一点，也会磨炼你的天赋。

即使是不情愿地继承了世代相传的店铺或公司，也有很多人

### 你真是个平平无奇的小天才

能够"既来之,则安之",在这个领域让自己的天赋觉醒。

其中,有的人迫切地想知道自己的天赋到底是什么。比如:优衣库①的柳井正②先生和大荣集团③的中内功④先生,都是第二代经营者。像他们这样,从一个普通的第二代经营者,发展为成功的一流企业家的事例不胜枚举。

正在读这本书的人中,可能也有第二代、第三代经营者。因为自己并不是创业者,所以那种纠结矛盾的感受可能很难被周围人所理解。

他们与强势的父亲或祖父之间的矛盾冲突,不仅会影响工作,也会侵犯他们的私生活。如果不能很好地保持健康的家庭关系,就容易产生各种悲剧。

后面我会讲到,在寻找天赋的过程中,家庭是一个难以回避的关口。

---

① 优衣库:是日本迅销公司的服装核心品牌,建立于1984年,目前已是家喻户晓的品牌。
② 柳井正,出身于服装世家,不少亲戚都在九州岛或山口县经营服装店。现为拥有著名品牌"优衣库"的公司董事长。
③ 大荣集团是战后从一家小店铺发展起来的当时日本最大的超市集团,年销售额超过一万亿日元,是一个伴随日本高速经济增长而成长起来的神话。
④ 中内功,1922年8月2日—2005年9月19日。创立了大荣集团、流通科技大学。

第 2 章 天赋是个什么东西

# 安于现状，或者向上攀登

## 向上攀登，天赋的层级

每个人挖掘出的天赋类型不同，他们的人生可能迥然不同。

为了留下清晰的印象，我准备通过四个层级来阐述这一点。

根据不同天赋的不同绽放方式，人生状态会截然不同。即便是同一个人，如果他选择了不同的行动和工作，也会影响天赋的绽放状态，形成不同的层级。

比如，音乐世界的天才约翰·列侬[1]如果跑去做会计，可能就属于无能层级（当然，可能他也很擅长做会计）。再比如，在商业上发挥创意天赋的史蒂夫·乔布斯[2]和电影界的天才斯皮尔伯格[3]，如果他们选择了体育界，一定很难成为职业选手。

---

[1] 约翰·温斯顿·列侬，英国男歌手、音乐家、诗人、社会活动家，摇滚乐队"披头士"的成员。
[2] 史蒂夫·乔布斯，美国发明家、企业家、苹果公司联合创始人。
[3] 史蒂文·斯皮尔伯格，美籍犹太裔导演、编剧、制片人。获得第 66 届美国电影电视金球奖终身成就奖。

也就是说，不要在自己毫无天赋的领域决胜负。

你在某一个领域毫无建树，并不意味着你在其他的领域都徒劳无功。如果你认为自己现在不够成功，那并不是因为你能力不足，有可能只是你选择的领域不对。

## 无能·麻烦层级

处于无能层级的人，每天都生活在痛苦之中，唉声叹气。他每天都痛苦地感受到，自己所做的事情非但没有得到别人的肯定，反而成为别人的麻烦。

他们在工作中经常要向顾客或客户道歉，如交货晚了、产品弄错了、工作不到位等，每天都疲于处理投诉的电话和邮件。

如果感受不到工作的价值，就不会有快乐的感觉。

给别人制造麻烦也会让他们心神不安，造成各种失误，每日如坐针毡。

如果你正处于这个层级，我建议你跳槽或者换个部门。除了目前的岗位，一定还有更适合你发挥作用的地方。如果保持现在的状态，你和你身边的人，都会苦不堪言。

## 普通层级

处于这个层级的人，做的是所有人都能胜任的工作。虽然他们不会每日疲于处理投诉，但由于工作很普通，他们会感到无聊，

## 第 2 章 天赋是个什么东西

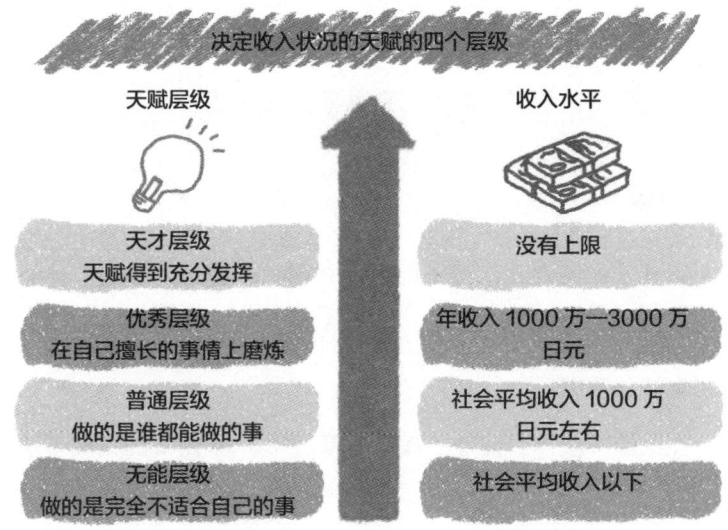

而且每天都在匆忙混乱中度过。像从事家政工作的人,每天都忙得团团转,连喘口气的时间都没有。

因为他们提供的是普通的劳动,收入也很普通,因此,他们的居住环境、吃穿用度也都很普通。

"我为什么要做这件事?"有时,你的脑海中也会闪现这样的问题。即便如此,你也从未想过要改变自己的生活或人生。

在这种状态下,你在工作的时候不会感到兴奋和激动,也不会期待高收入。

我认为,世界上处于这个层级的人最多,他们只是不知道自己的天赋是什么，才会一直保持这种状态。

如果在能做到的事情上不断磨炼，你一定会有更加精彩有趣的人生。但是，很多人既不愿意思考，也不愿意相信。

## 优秀层级

这些人做的是自己擅长的事，并得到了社会的肯定。他们从学生时代就很优秀，长期从事自己擅长的事情，并在这个领域取得了很好的业绩。

在医疗、法律、商业、教育等领域排名前 10% 的人属于这个层级。

虽然拥有大家公认的实力，但不代表他们本人是幸福的。他们为了维持最高的水平，必须不断努力。

他们与天才的区别，就在于是否有努力的感觉。

天才不会感觉到自己正在努力。对他们来说，做某件事（如弹钢琴、设计、表演、摄影）就像呼吸一样自然，是非常平常的。

这些处于优秀层级的人，拥有高收入、社会地位、行业认可、客户感恩，这些都是他们努力坚持下去的动力。

反之，如果没有这些驱动力，他们的斗志可能会大大减弱。这就是他们和那些不需要任何动力的天才的区别。

处于优秀层级的人，并不是积极主动地选择现在的领域的。

只是因为在学生时代的某个时间点，他们经过思考后选择了某个专业，并没有从自己是否真正喜欢的角度去考虑，仅仅是为了发挥自己的优势。在感觉上，他们并没有兴奋喜悦的能量去做好一件事，仅仅依靠一种推力在奋力前行。

## 天才层级

处于这个层级的人，天赋完全被释放出来了。因为他们做的是和自己与生俱来的目标最接近的事情，所以他们毫不受限。无论哪个领域都有这样的天才。他们没有"已经足够好"的感觉，而是不断寻求升级，像被什么东西附体一样，乐此不疲地投入于毕生的事业当中。

如果他是一位料理人，他会创造出任何人都想不到的搭配和烹饪方法；如果他在法律领域，他会找到全新的案例；如果他在医疗领域，他会创造出划时代的手术方法。

这些想法并不是靠努力思考获得的，完全是由灵感带来的。

处于优秀层级的人要自己驾驶车辆，处于天才层级的人则拥有自动驾驶系统，因此，后者会很享受，毫不费力，轻松愉悦。

## 人们互相追逐，天才只想成长

对天才来说，金钱和名誉已经无关紧要了。如果一定要说他们有什么欲望的话，那就是对自己的天赋到底能发挥到何种程度抱有纯粹的好奇心,这是他们的原动力。

相比大多数拥有高收入的优秀层级的人,那些位于天才层级的人,或者会成为非常有钱的人,或者在濒临破产的边缘徘徊,总之处于两个极端。

在这个层级中,既有遗产高达数千亿日元的毕加索,也有因贫穷而落魄离世的凡·高。还有的人,虽然发挥了天赋之才,但在晚年仍濒临破产,比如葬于公墓的莫扎特就是这样的人。

处于优秀层级的人会在当今社会上备受好评,而处于天才层级的人,往往在死后才会为世人所称颂。这是因为,天才之人做的是超越时代的事情,如果他们创作的作品在生前就受到追捧,那么虽然在有生之年能获得名誉,但死后会随着时代的发展而被遗忘。

如果剥夺了天才的毕生事业,他们可能无法苟活于世,他们的生命和事业是密不可分的。处于优秀层级的人会享受假期的快乐,把假期当作工作间隙的休息和奖励,而天才则认为工作本身就是假期。

## 原地努力,没有意义

这四种不同层级的差异,造就了完全不同的人生,你是否明确地意识到了这一点?

如果你不采取积极的行动,就无法改变自己的层级。

然而总有人感到：处于无能层级的人再怎么努力也不会进入普通层级，普通层级的人再怎么拼搏也不会升入优秀层级；同样，位于优秀层级的人，无论怎么竭尽全力，都无法成为天才。

这到底是为什么呢？因为只靠努力是无济于事的。话虽如此，也并非毫无希望。

处于无能层级的人，要想上升到其他的层级，只要改变你正在做的事情就可以了。

某个人作为牙科助手可能很失败，但如果开花店、做设计师或者成为摄影师，也许就能发挥出与众不同的天赋。如果弄错了自己的位置，你对人生的满足度会完全不同。并不是你无能，也许只是你所做的事情不适合你。

这并不意味着你一定要换个职业，也许只要稍微换个地方，就会产生截然不同的结果。

比如，年纪轻轻就获得诺贝尔奖的山中伸弥教授是世界顶级的 iPS 细胞[①]研究者。但是，他年轻时在外科手术领域极其笨拙，同事还因此给他起了个绰号叫"碍事中"[②]。那个时候，他一定是相当沮丧的。然而，就是这样的他，自从把专业领域改成医学

---

[①] iPS 细胞，又叫诱导性多能干细胞，最初是日本科学家山中伸弥于 2006 年研制的一种细胞类型。在细胞替代性治疗以及发病机理的研究、新药筛选方面具有巨大的潜在价值。

[②] 日语的"山中"和"碍事中"的发音很像。

### 你真是个平平无奇的小天才

研究后，就如鱼得水，成了优秀的研究者。

如果山中教授一直拼命努力地执着于外科工作，无论是对他本人还是对接受手术的患者来说，都可能产生不幸的后果。

同样，一郎选手是一位天才，是世界级的击球员，但在他刚成为职业选手的时候，他的目标是成为一名投手。但是，当他意识到那里并没有自己的立足之地时，他便开始转做击球员，这才成就了一代天才击球员。如果他坚持做投手的话，很可能永远都只是个默默无闻的选手。

同样，如果你现在做的也是普通层级的工作，那么无论你多么努力，都无法到达优秀层级。即使努力奋斗了10年，你也不过是把相同的一年重复了10次而已，不存在厚积薄发一说。

如果你从事的工作并不是自己的天赋所在，你就无法进入更高的层级。如果你没有即便两三天不眠不休也乐此不疲的感觉，你就很难提升自己的层级。

这种感觉非常必要。沉浸在这种感觉之中不可自拔的人，才属于优秀层级。

接下来，我要为那些对天才层级感兴趣的人进行阐述和说明。

他们会在某个时间点意识到自己拥有天赋之才，而且几十年来他们一直为此全身心地磨炼自己。这种天才和一个只是努力了几年的略有天赋之人的状态，不可同日而语。

他们对于做某件事感到由衷地喜悦,这就是天才的生活方式。有时候,他们也会被天赋所累,甚至导致家庭破裂。究其原因,往往是因为这些人的天才属性会带来台风般的巨大能量,将自己和家庭都卷入其中。

## 每一层级,你都可以选择

在此之前,你应该在自己周围见过处于无能层级、普通层级和优秀层级的人。天才层级的人,你至少也在电视上见过。

你可以选择并进入这四个层级中的任何一个。这是你自己的选择。要生活在哪个层级中,完全取决于你自己的选择。

如果你觉得自己生活在无能层级中,那么你应该尽快离开那里。因为这种工作方式会给你自己和周围的人都带来不幸。很多令人痛心的事故都是由无能层级的工作引发的,比如:驾驶技术不佳的司机、思想意识散漫的护士、手法生疏的外科医生、笨手笨脚的牙医等,都可能对他人造成伤害。

从事这种工作的人,如果处于无能层级,一定要做好调整自己工作的计划。

当然,你也一定能够找到让自己精神振奋的天赋。那也许是你从未想象过的令人意外的领域。

# 第 3 章
## 每种天赋都有原型

> 天赋自然形成,性格则涉人世之风波而塑成。
>
> ——歌德

# 天赋原型是性格的底色

**搭建人生的性格特质**

天赋有很多种形式,比你想象的要多很多。

美国心灵导师兼作家凯洛琳·梅斯[①]说,一个人会成为什么样的人,是由他所拥有的原型决定的。

一个骁勇善战的人明明不是政治家,却经常会被人说"那个人是个政治家"。有些人偶尔也会听到"那个女孩以为自己是女王呀"之类的恶言恶语。

"像乞丐一样惨兮兮的""像奴隶一样卑躬屈膝""像电影明星一样傲慢,可惜没人理睬""像化缘僧一样朴素的人""像骗子一样狡猾""像修女一样顽固",这样的说法很常见。我们在评价一个人的时候,经常会使用"像某某"这样的表达方式。

---

① 凯洛琳·梅斯,美国心灵导师和《纽约时报》畅销书作家,专精于协助人们了解产生疾病的情绪、心理、生理原因,她著有包括《慧眼视心灵》在内的5本《纽约时报》畅销书。

这就是我们所说的"天赋原型"，也可以说是那个人所具有的特质。每个人的特质不止一个，我们的多种特质构成了我们独特的性格。而且，当我们的天赋原型浮出水面的时候，性格也就突显出来了。

## 驾驭不完美的自己

所有的天赋原型中，都包含了人们拥有的优秀的天赋和各种不易被社会接受的性格。

比如，一个人拥有王者的天赋原型，如果他同时拥有极致的爱心和公平性，他就会成为著名的企业家。如果他是个感情用事、脾气暴躁的人，他就会成为一个"暴君"，他的员工就会苦不堪言。

如果一个人拥有修女的天赋原型，而且心地善良，她就会成为一个谦虚、美丽、知性的优秀女性。如果她品性恶劣，她可能就会成为一个陷害同事、欺负年轻下属的专制者。

即便拥有完全相同的天赋原型，基于对其使用方法的不同，有的人成就了受人尊敬的精彩人生，有的人成了穷凶极恶的人。

可以说，如何驾驭天赋原型，决定了一个人的人生。

## 你的天赋原型是什么

天赋原型都有哪些呢？让我们一起来看看。实际上，除了这里列举的天赋原型，还有成百上千种天赋原型。很遗憾，因为篇幅有限，我无法全部展示，感兴趣的朋友，可以去看我的主页。

### 英雄

拥有英雄原型的人，天生就是强大的领导者。无论多么痛苦，英雄都不会抱怨，反而能激励和引导别人。

### 治疗师、护理者

拥有这种原型的人，能够治愈和照顾他人。医生、治疗师、护士、心理医生等，都拥有这种原型。

### 创业者

创业者是自己创办企业的人。他们将自己的全新创意付诸实施，一往无前。他们擅长于创造新的价值。

### 政治家

有能力展示自己的愿景，擅长协调各方面的利害关系。既有梦想，又能努力将其变为现实，有智慧，善权谋。

### 斗士

顾名思义，就是战斗的人。他们不仅存在于战场上，在企业中、社会活动中、教育现场等，都能发现这种战斗在工作第一线的人。

### 诈骗者

骗钱或骗取人心的人。有些人虽然没有实施诈骗，但存在这种倾向，他们也属于这个原型。

### 你真是个平平无奇的小天才

**无名小卒**

拥有这个原型的人，喜欢帮助别人，默默无闻地协助别人成功。他们不喜欢出风头，能够在不经意间给周围的人带来力量。

**法官**

拥有这种原型的人，善于对人和事进行审视和判断，包括经常帮助朋友调解争端，做出公正判断的人。

**检察官**

拥有这个原型的人擅长纠察别人的过错，义正词严地表达正确的观点，批评犯错的人。

**叛逆者**

对权威和社会充满了反叛情绪。这种逆反有时候不会产生任何反响，有时候能够造成很大的影响。

**赌徒**

拥有这种原型的人不喜欢安稳，总是幻想着一夜暴富。他们的目标是以最少的劳动获得最大的利益，但相较于结果，他们更追求过程中的刺激感，他们很可能会失去一切。

**流浪者**

拥有这种原型的人就像浮萍一样四处漂泊，不会停留在一个地方,没有人生规划,对人生不负责任。

吃白饭者、被包养者

"吃白饭者"是指只吃饭不干活的人。"被包养者"是指依赖他人的经济实力,整天无所事事的人。

孤儿

拥有这种原型的人没有父母的照顾,也没有亲朋的庇护。他们无依无靠,只能靠自己。

王者

拥有这种原型的人拥有坚定的意志,能够赢得别人的尊敬。他们即使不说话也有一种王者气势。他们气场强大,能够在气势上压倒对方。

女王

和王者一样,拥有威严的气势和权威的地位。加上其美丽和知性的外表,她们自然会让人刮目相看,所以她们是备受尊敬的女性的原型。

发明家

创意丰富,能提出让人意想不到的创新想法,使很多人从中获益。

### 匠人

拥有这种原型的人擅长制作,这里的匠人不仅包括制作实际的物品,还包括那些追求完美,凡事做到极致,决不偷工减料的人。

### 艺术家

用艺术的感性来看待一切事物的人都属于这种原型。他们不仅能创作艺术作品,而且会将自己的意识形态和生活方式融入艺术中。

### 纽带

这类人很喜欢也很擅长将人与人联系在一起。只要拥有这种原型的人在场,即使是初次见面的陌生人之间,也能迅速形成亲密的朋友关系。

### 商人

拥有这种原型的人擅长把所有事情都和商业关联在一起。无论做什么,无论去哪里,他们时时刻刻都在思考怎么赚钱。

### 学者

这类人把世界上的任何事情都当成一种知识。学习和研究是他们最关心的事情,他们对其他所有的人和事都不感兴趣。

### 教师

拥有这个原型的人热衷于传授知识给别人。他们能够很好地将知识与智慧传达给对方。

**欺压者**

欺压者也是一种天赋原型，这种人喜欢对别人施加暴力或欺凌伤害等负面行为。

**被欺压者**

这种类型的人，在团体中经常莫名其妙地成为替罪羊。他们将充斥于这个团体中的暴力负能量揽于一身，从而拯救周围的人。

**圣母玛利亚**

拥有这种原型的人就像圣母玛利亚一样，拥有大爱之心和慈悲之心。那些无私奉献、不求回报的人就属于这种类型。

**御宅族**

那些脱离社会、闭门不出的人，就属于这个原型。他们不肯迈出家门半步，和任何人都不交流，过着隐居避世的生活。

**奉献者**

这是一种为了讨好对方、赢得对方的欢心，在精神上、物质上、金钱上不断给予的类型。这种人绝大多数都是被对方巧妙地掌控和利用的。

### 你真是个平平无奇的小天才

迷茫者

这种类型的人对人生很迷茫，毫无目标，过着焦虑不安的生活。他们做任何决定都要花费很长时间，也不想做什么决定。

变革者

他们对目前的体制不满，对于打破或改革现有体制充满热情。由于将精力都放在如何打破体制上，他们并不擅长构筑体制。

#### 人类的原型（部分）

| | | | |
|---|---|---|---|
| Addict | 成瘾者 | Liberator | 解放者 |
| Advocate | 倡导者 | Lover | 爱人 |
| Alchemist | 炼金术士 | Martyr | 殉道者 |
| Angel | 天使 | Mediator | 仲裁者 |
| **Artist** | **艺术家** | Mentor | 导师 |
| Athlete | 运动员 | Messiah | 救世主 |
| Avenger | 复仇者 | Midas/Miser | 贪财者（弥达斯国王）/吝啬鬼 |
| Begger | 乞丐 | | |
| **Bully** | **欺压者** | ※Midas：希腊神话中能够点石成金的弥达斯国王 | |
| Child | 孩童 | Monk/Nun | 修道士、修女 |
| Child：Divine | 圣童 | Mother | 母亲 |
| Child：Eternal | 永恒之童 | Mystic | 神秘主义者 |
| Child：Magica | 魔法之童 | Networker | 沟通者 |
| Child：Nature | 自然之童 | Pioneer | 开拓者 |
| **Child: Orpha** | **孤儿** | Poet | 诗人 |
| Child:Wounded | 受伤之童 | Priest | 神职人员 |
| Companion | 伙伴 | Prince | 王子 |
| Damsel | 少女 | Prostitute | 娼妇 |
| Destroyer | 破坏者 | **Queen** | **女王** |
| Detective | 侦探 | **Rebel** | **叛逆者** |
| Dilettante | 业余爱好者 | Rescuer | 救助者 |
| Don Juan | 好色之徒 | Saboteur | 破坏者 |
| Engineer | 技师 | Samaritan | 热心者 |
| Exorcist | 驱魔师 | Scribe | 抄写者 |
| Father | 父亲 | Seeker | 探索者 |
| Femme Fatale | 蛇蝎美人 | Servant | 仆人 |
| Fool | 傻瓜、小丑 | Shape-Shifter | 变形者 |

| | | | |
|---|---|---|---|
| Gambler | 赌徒 | Slave | 奴隶 |
| God | 神 | Storyteller | 说书者 |
| Goddess | 女神 | Student | 学生（弟子） |
| Gossip | 八卦之人 | Teacher | 教师 |
| Guide | 向导 | Chief | 组长 |
| **Healer** | **治疗师** | **Trickster** | **诈骗者** |
| Hedonist | 快乐主义者 | Vampire | 吸血鬼 |
| Hermit | 遁世者 | Victim | 牺牲者 |
| **Hero/Heroine** | **英雄/女英雄** | Virgin | 处女 |
| **Judge** | **法官** | Visionary | 有远见者 |
| **King** | **王者** | **Warrior** | **斗士** |
| Knight | 骑士 | | |

※ 粗体加底纹的文字，是本书已阐述的内容。
※ 英译日的内容由作者本田健翻译。
摘自 *Archetype Cards*（《原型卡》），Caroline Myss（凯洛琳·梅斯）著

看到这么多种原型，你有何感受？

这其中一定有一些是你的原型。任何人都拥有不止一种原型，而是有几十种原型。不过，主要的原型也就 10 个左右。这些原型的组合，形成了你的性格。

如果你拥有挑战者、变革者和商人这三种原型，你将会持续地提供让整个业界都刮目相看的新产品和服务并从中获得收益。你属于内心强大且有创意的人。

在我的周围，从艺术家、政治家、教育家到打工仔，各种职业的人都有，但我认为，将自己的原型使用得越熟练，人生的道路就越宽广。

你真是个平平无奇的小天才

# 天赋原型，对号入座

## 消极原型也能善意使用

谈到原型，就会涉及"有好的原型和坏的原型之分吗"这个问题。其实，原型本身并无好坏之分。

如何使用这些原型才是最重要的。

一言以蔽之，我们可以用"FOR ME"和"FOR YOU"来衡量原型。如果你选择"FOR ME"，为了一己私利而使用原型，你很可能会给自己和周围的人带来不幸。如果你选择"FOR YOU"，为了别人而使用原型，你自己和周围的人都会变得幸福。

在这些原型中，不乏一些看似消极的原型，如诈骗者、小偷。但是，如果你能把它们和其他天赋合理结合、巧妙使用的话，就能创造出积极的人生。

比如，有一位心理医生善于使用诈骗者原型和心理专家的天赋，通过向患者展示幸福的虚假幻想，让患者摆脱困境。他曾说过："我就像一个骗子。"不过，他的确是巧妙地运用了自己的这种天赋。

## 是乞丐，也可以是王者

有趣的是，同一个人有时候会拥有着两种截然相反的原型。

比如，一个人既拥有王者的原型，也具有乞丐的原型，这会让周围的人感到困惑。

他刚刚还在威严地讲话，突然间就变得卑躬屈膝，给人一种寒酸落魄的感觉。他虽然仍是西装革履，但却失去了刚才威严大方、仪表堂堂的感觉，变成了一个气场虚弱、萎靡不振的人。这时，他会给人一种不协调之感。如果你的上司是这种人，你就会感觉焦躁不安，希望上司保持一种威严之感。

在女性中，也存在既具有女演员原型又有喜剧演员原型的人。有一位著名的女演员，长得非常漂亮，大家都认为她根本不需要刻意去搞笑。但她很难抑制自己的搞笑冲动，因为那是她与生俱来的天赋。也许经纪人和朋友都提醒过她这一点。

但是，由于她的喜剧演员天赋自然而然地显现出来，形成了她独特的魅力，她反而比以前更有人气了，这也是人生的有趣之处。

## 你的人生，严肃但活泼

以哪种原型为核心，决定着完全不同的人生。

比如，我同时拥有哲学家和喜剧演员的原型。

当我进行一场关于人生的演讲，面对成百上千名观众时，我总是想多讲一些有趣的事情。那些期待听到一场严肃演讲的人，

### 你真是个平平无奇的小天才

一开始会很吃惊。但是，从演讲结束后的调查问卷来看，很多人在听了我运用喜剧天赋讲的趣事后，在问卷上写了"特别有意思，好久没这么开心地笑了"之类的话。

当我运用哲学家的天赋进行演讲时，大家则会写"内容很深刻。没想到健先生是这么有深度的人。今后我也要踏踏实实、认认真真地面对自己"之类的话。

如果这两种人在一起喝茶，聊起本田健的演讲会，他们会觉得自己参加的是完全不同的演讲会。

我发现，我并非有意识地这样做：当我讲到资本主义和金钱的未来时，就会出现预言家的原型；当我讲到教育的时候，就会出现教育家的原型；当我谈到商业和市场营销的时候，关西商人的原型就会出现；当我谈到生活方式的时候，就会明显出现宗教家和哲学家的原型。

读完我上面的讲述，你是不是也觉得自己身上出现过很多种原型？比如，像斗士一样的自己，像哲学家、商人一样的自己。即便是在工作中非常认真、稳重的人，喝起酒来也会变得非常有趣，因为这些原型会根据不同的场合和情况而显现。

## 人生不止一种颜色

原型的有趣之处在于，对同一个人来说，在幼年、10多岁、20多岁、30多岁、40多岁、50多岁、60多岁、70多岁的时候，其主要原型都会发生变化。

无论是你自己,还是你的父母、兄弟姐妹和朋友,都会认为你在某个年龄段表现得最明显的那种原型是你的性格。

比如,在10多岁的时候,你总是喜欢开玩笑,以喜剧演员的原型为核心,快20岁的时候,你表现出了迷茫者的原型,20岁之后,你的原型完全变成了商人,50岁以后,你身上出现了教育家的原型。从性格上来看,每种原型都是完全不同的人物。

随着年龄的增长,总会有一种原型成为主角。很多人进入初中、高中、大学后性格突变,就是这个原因。

你自己也会在不知不觉中改变角色。小学时,你可能很认真;从中学开始,你就喜欢滑稽搞笑,并一跃成为班级的人气王;到了高中,你又变成了性格阴郁的人;进入大学后,你成了学生领袖,积极快乐地参与到社团活动中。这种情况很普遍。

我曾经采访了从十几岁到八十几岁的人,问了他们很多问题,比如:"你有什么样的朋友?""在花钱方面,你是否受到了朋友的不好影响?"

当我问他们"你认为你的性格跟小时候相比有什么变化吗"时,很多人都给出了肯定的回答。

有趣的是,相对于积极主动地改变性格的人,自然而然地改变性格的人更多。就像事先编好了程序,时机成熟的时候,你的原型就会自动改变。

你真是个平平无奇的小天才

# 发现天赋的方向

接下来，我将向大家介绍从不同的角度看待自己的天赋并形成自我认知的过程。

在日复一日的工作中，要多留心观察是否出现了"咦？也许这就是我的天赋"的感觉。

很多人过于武断地认为"我没有天赋"。请抱着试试看的想法，去挖掘那个沉睡在自己心底的金矿吧。

## 幸福的源泉

关于"幸福的源泉"的思考，在我以前的作品《用"毕生事业"充实地生活》中介绍过。

所谓"幸福的源泉"，是那些你只要去做就会感觉很幸福的事。寻找自己天赋的第一步，就是找到这种能够成为"幸福的源泉"的工作。

你在什么时候会感到幸福和快乐？

天赋就存在于这个"幸福的源泉"的周边。那些你自发想去做的，让你感到快乐的事情，就是你深爱的事情。

## 照亮天赋的方向

要想找到天赋，就必须清楚地知道自己的天赋在哪个方向。

比如，一个人擅长制作，一旦开始动手制作就会忘记时间，那么显然这个人拥有"制作"的天赋。喜欢和陌生人见面和聊天，只要有时间就去参加派对和演讲会，这样的人拥有着"沟通"的天赋。

但有趣的是，一个人很可能很快就发现朋友的天赋是什么，却很难意识到自己所拥有的天赋。这是因为对于他们自己来说，那些即使不刻意去做也能做得很好的事情是理所当然的，所以并没有意识到这就是天赋。

比如，一个拥有料理天赋的人，他能够利用冰箱里现有的食材迅速做出美味的菜肴。因为他完成这件事的过程过于简单，所以自己感觉"并没什么大不了的""别人应该也能做得一样好"。只有当听到别人说"你有料理的天赋"时，他才会意识到自己的天赋。

要想找到天赋，就必须让沉睡在你心中的天赋被阳光所照耀。

你真是个平平无奇的小天才

# 天赋就要拿来当饭吃

我通过为人们做咨询辅导,看到了很多人的特长。

就我的经验来看,很多人在听说自己的天赋后都会很惊讶:"啊?我有那样的天赋吗?"或者否定道:"那种天赋,我绝对没有!"然而,他们中很多人的天赋最终都被证实了。也就是说,他们很难察觉自己的天赋。

关于你的天赋所在,我建议你和身边的朋友、家人聊一聊,听听他们的想法。也许你自己不肯承认,但周围的人能出乎意料地看透你真正的天赋。

找到自己的天赋后,如何让天赋好好地发挥出来就变得很重要了。

很多人虽然发现了自己的天赋,但只想着单打独斗。比如:当你意识到自己有手工艺方面的天赋时,你很可能认为,自己只要成为一名工匠就可以了。

即使你有手工艺方面的天赋,你也不能把目光集中在这一点上,而是要将与其相关的所有活动都纳入自己视野,这样一来,你的选择面就会大大增加。在你的天赋周边,往往存在着可以发挥这种天赋的工作。

"天赋周边的工作"到底是什么样的工作？我认为工作的形态分为十种。

在我的上一部作品《现在，变现你的优势：喜欢的事，就要拿来当饭吃》中，我简单介绍过工作的十种形态。在这里，我想介绍一下每种工作形态的详细特点和具体案例。

### "做"你喜欢的事情

在工作中，把你的天赋原封不动地发挥出来。

当你发现自己喜欢做面包时，只要成为一名面包师，你就可以把自己喜欢的事情变成一份工作。在工作中，完全做你喜欢的事情，就能轻而易举获得成功，因为在工作的过程中，你很容易激发出自己的天赋，并乐在其中。

不过，能够将自己的特长原封不动地变成工作，并不是一件易事。

这种情况与下文所说的需要和其他天赋进行组合的方式不同，想要单凭一种天赋决胜负，我们需要对其进行很多磨炼才行。

### "写"你喜欢的事情

把你喜欢做的事情的魅力和精华所在写成书籍和报道，这样不仅可以增加自己的粉丝，还可以让拥有同样天赋的人意识到你的天赋。

如果你有制作面包的天赋，就可以写一本关于你如何制作面包的书，或者把食谱和制作过程写成文章。这样一来，你制作面包的乐趣，就能分享给更多同样对此感兴趣的人。如果你是通过脸书、博客、电子杂志等方式进行分享，你的粉丝会越来越多。

## "讲"你喜欢的事情

这需要和擅长讲话的天赋相结合。具体来说，就是围绕你最喜欢的主题发表演讲，或者介绍你喜欢的商品或服务，以实现销售等目的。

与上文"写"的不同之处在于，它可以直接传达你的热情。对方不需要看文字，只要倾听你的演讲，就能感受到完全不一样的魅力。

如果你拥有制作面包的天赋，你可以就此主题进行演讲。在厨师和料理师中，有很多人经常就料理的魅力进行宣传和演讲。

喜欢听那些做着自己喜欢的事并取得成功之人的演讲的人，比你想象的多得多。

## "做"你喜欢的商品

对自己喜欢的事情，不一定要"单刀直入"，你可以把它们做成"商品"。这也是工作的一种形式。比如，制作卡通角色商品和周边饰品，或者提供制作这些商品所需的工具等。

以制作面包为例，你可以考虑设计制作面包时所需的工具和时尚的小装饰。你在制作面包的时候，也会有"如果有这样的工具就更方便了……"之类的想法。如果你把这些想法作为自己的原创商品来进行企划和生产，有同样需求的人群一定会乐于接受。

## "卖"你喜欢的东西

对于你喜欢的东西，即使你不生产，你也可以采购后卖给别人。因为你向别人推荐的是自己最喜欢的东西，所以你一定会充满热情。

顾客也一样，他们也希望从热爱这种商品的人那里购买商品。所以，这种天赋组合是最好的。

还是以面包为例，我们可以采购自己喜欢的面包，再进行专业销售。

你可以将时间花费在向顾客宣传和展示商品上，而不是亲自制作面包。如果客人也喜欢你看中的商品，你一定会非常开心。

## "传播"你喜欢的事情

你可以通过各种方式让别人了解你喜欢的事情，让他们都来参与、体验。对于拥有公关和营销天赋的人来说，这和自己制作东西一样，是快乐和享受的过程。你可以建立一种让更多人体验面包制作乐趣的机制，方法有很多种：如果你在学校工作，你可以考虑把它编入课堂活动中；即使你自己在家里烤面包，也可以进行推广；如果能够和电视台、杂志社等进行团队合作的话，你甚至可以引领潮流。

### "教"你喜欢的事情

在做最喜欢的事情的过程中，你可以把自己积累的诀窍和方法教给别人。

做任何事情都有小窍门，人们也希望掌握这些小窍门。为了回应这种呼声，你可以开设专门课程或者成为专职讲师。

以制作面包为例，开设面包课程就是其中之一。即使你自己不开设课程，你也可以作为面包制作的讲师，到学生家进行教学。对于一心一意想要掌握面包制作技巧的人来说，在自己家里边做边学是最有效的方式。

### 把你喜欢的事情"组合"起来

把你喜欢的事情和别人喜欢的事情组合在一起，就能创造出新的东西。单纯地提供面包并不具有太大的吸引力，如果把它与其他食品相结合，就可以提升它的魅力和吸引力。

你有过这样的经历吗？虽然菜肴做得很精美，但如果同时端上来的面包很普通，你也会非常失望。一个人很难同时把每件事情都做好。

如果和一个非常喜欢做面包的人合作并共同提供西餐，你就可以提升整个套餐的价值，所有人都会感觉很幸福。

## 支持从事自己喜欢之事的人

支持和你一样想做自己喜欢之事并渴望成功的人，把他们送入社会。你过去的经验，对那些想要在同一领域独立打拼的人会很有帮助。

人们都愿意支持和自己做同样事情的人，而且有的人会在不知不觉中，将其变成自己毕生的事业。

如果你积累了很多与面包相关的经验，你就可以帮助那些想独立开面包店的人了。对他们来说，有人能为他们提供从面包制作到开设店铺的全程咨询，真是求之不得的事。

## 为从事自己喜欢之事的人"提供服务"

为那些和你一样做着自己喜欢之事的人提供服务。

因为这也是你非常喜欢的事情，所以你可以为他们提供有的放矢的服务。同时你也会有一种与他共同实现梦想的感觉。

以面包为例，协助他人经营面包店的人就是这样的。他们还可以在面包的原材料和工具的采购方面提供服务。

### 你真是个平平无奇的小天才

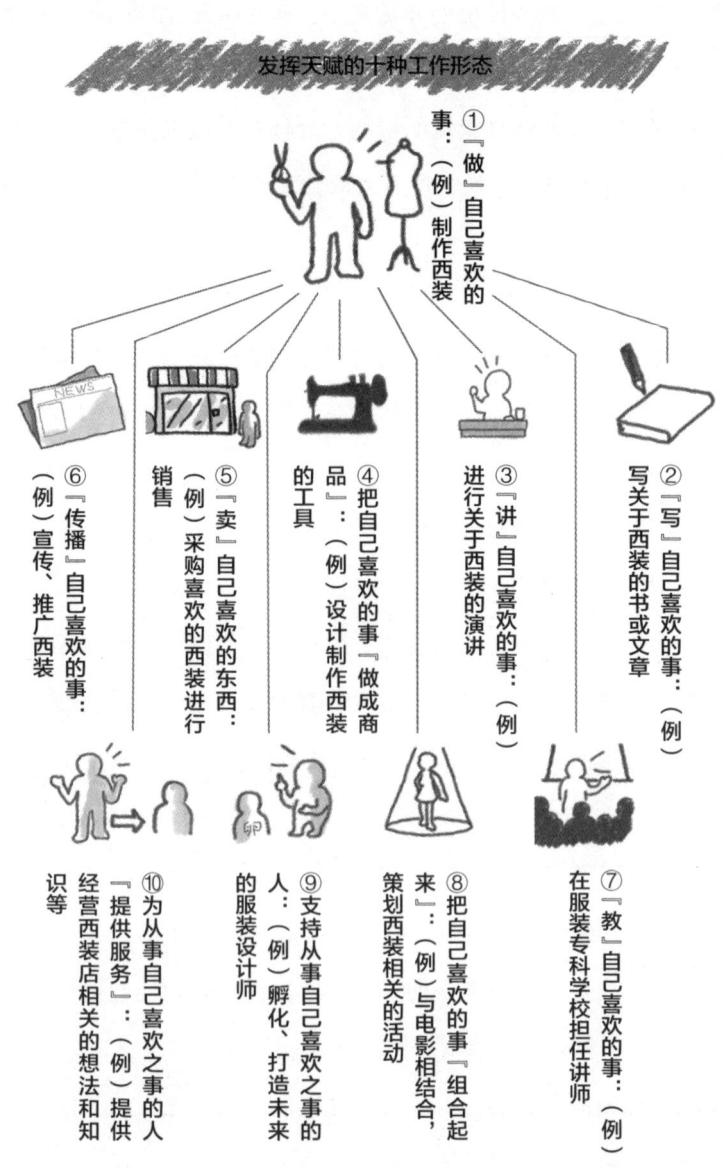

发挥天赋的十种工作形态

① 「做」自己喜欢的事：（例）制作西装
② 「写」自己喜欢的事：（例）写关于西装的书或文章
③ 「讲」自己喜欢的事：（例）进行关于西装的演讲
④ 把自己喜欢的事「做成商品」：（例）设计制作西装的工具
⑤ 「卖」自己喜欢的东西：（例）采购喜欢的西装进行销售
⑥ 「传播」自己喜欢的事：（例）宣传、推广西装
⑦ 「教」自己喜欢的事：（例）在服装专科学校担任讲师
⑧ 把自己喜欢的事「组合起来」：（例）与电影相结合，策划西装相关的活动
⑨ 支持从事自己喜欢之事的人：（例）孵化、打造未来的服装设计师
⑩ 为从事自己喜欢之事的人「提供服务」：（例）提供经营西装店相关的想法和知识等

顾客手中的面包，也有那些人的服务价值包含其中。

像这样，如果把你喜欢的事情的周边也都考虑进去，你就会发现能发挥你的特长和天赋的工作有很多种。因此，在考虑把自己喜欢的事情作为职业的时候，要尽可能地扩大可能性，这一点非常重要。

## 与人分享天赋

如果你能清晰地了解自己的天赋，就等于你喜欢的事已经成功了一半，另一半则需要把天赋转换成具体的形式，同别人分享。

### 与人分享天赋的方法

用什么样的角色，以什么样的方法与人分享天赋呢？试着想象一下。

你的角色是哪一个

| 艺术家<br>创造不同凡响的东西<br>展现自我的风格 | 管理者<br>认真做好管理<br>维持稳定、平衡 | 领导者<br>起到引导作用<br>使人们团结在一起 |
|---|---|---|
| 创作者<br>产生新的想法<br>对创造新事物感到高兴 | 英雄<br>给人以希望<br>爱好和平、显示勇气 | 哲学家<br>探索人生智慧<br>寻找新的视角 |
| 开拓者<br>发现并开辟新的领域<br>不断扩大、扩张 | 治疗师<br>治愈人的心灵和身体<br>使人健康、让人安心 | 搞笑艺人<br>使人快乐<br>情感治愈 |
| 教育家<br>拥有智慧<br>调动别人的天赋 | 支持者<br>帮助别人<br>提供咨询 | 变革者<br>颠覆世间的常识<br>打破旧有事物、创造新的世界 |

**用什么方法进行分享**

| 制作物品<br>（例如）艺术家、工匠、作家、歌手、开发者 | 提供信息<br>（例如）信息创业者、记者、主持人、分析师 | 鼓舞人心<br>（例如）治疗师、教练、运动员 |
|---|---|---|
| 销售商品<br>（例如）推销员、销售员、经销商、销售模特 | 解决问题<br>（例如）咨询顾问、医生、律师、美容顾问 | 创作构思<br>（例如）发明家、策划制作者、文案作者 |
| 中介居间<br>（例如）房地产、经营派遣公司、代理 | 支持协助<br>（例如）护士、秘书、教练 | 整理整顿<br>（例如）会计、整理师、秘书 |
| 汇总（调整）<br>（例如）编辑、团队导游、经理 | 编辑制作<br>（例如）制片人、广告业 | 教导传授<br>（例如）教师、指导员、讲师、顾问 |

获得收益，是与人分享天赋的结果。

无论你拥有多么优秀的天赋，没有与人分享，是绝对不会产生经济效益的。

接下来，我们就谈谈将天赋转换为现实世界中的金钱的几个要点吧。

## 让天赋成为"富裕的源泉"

前面介绍了对"幸福的源泉"的思考。"幸福的源泉"就是能让你感到幸福的事情，只要做了这件事，你就会心潮澎湃，体验到活在当下的真实感。但是，"幸福的源泉"基本都与金钱无关。仅限于寻找"幸福的源泉"，是不会产生经济效益的。

听到这里，那些理想主义者会很失望。遗憾的是，这就是现实的世界。即便如此，也不必悲观。相反，正因为这个世界不那么完美，人生才其乐无穷。

要发挥自己的天赋，过上富足的生活，就要在挖掘"幸福的源泉"的同时挖掘"富裕的源泉"。

"幸福的源泉"只能带来精神上的幸福感，"富裕的源泉"也只能带来经济上的富足。

为了充实的人生和毕生的事业，我们必须同时挖掘"幸福的源泉"和"富裕的源泉"。

但这并不意味着要放下"幸福的源泉"，为了赚钱而重新去挖掘"富裕的源泉"。

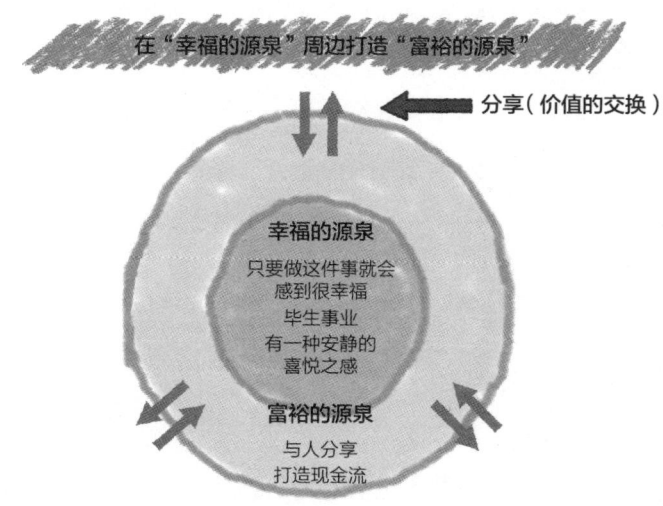

### 你真是个平平无奇的小天才

如上页图所示，你需要在已经找到的"幸福的源泉"的周边去挖掘"富裕的源泉"。

拥有了"幸福的源泉"，你的幸福感和安静的喜悦之感会油然而生。在其周边打造"富裕的源泉"，把你满满的幸福与人分享，就能够实现经济上的富裕。

"幸福的源泉"（快乐点）和"富裕的源泉"（现金点）的交汇点，就是你的毕生事业（灵感点）。

如果你能够挖掘到这个灵感点，你这一辈子就再也不会为金钱所困了。

本书接下来会谈一下如何挖掘"幸福的源泉"。关于如何挖掘"富裕的源泉"，如何"把天赋变成金钱"，我将在下一部作品中毫无保留地告诉大家。

# 第4章
## 天赋随处可见，你只需发现

深挖自己的脚下,那里必有泉水涌出。
——高山樗牛①

---

① 高山樗牛(1871年2月28日—1902年12月28日),日本近代作家。

# 天赋的彩蛋藏在情绪之中

## 压抑情绪，只会埋葬天赋

"天赋和情绪到底是什么关系？"很多人抱有这样的疑问。

我开始下决心研究天赋，要追溯到30年前。开始研究天赋的契机是，看到很多人拥有难得的天赋却因为情绪不稳定而错失良机。

从那时起，我就发现了情绪和天赋的关系。我意识到，善于控制情绪的人，人生都很顺利，而被情绪牵着鼻子走的人，人生的压力会很大。情绪，无论好坏，都是决定一个人幸福与否的重要因素。

在寻找和磨炼天赋的过程中，如何与自己的情绪相处，是很重要的。比如，有些人即使发现了类似天赋的东西，也会因为自认为没什么大的天赋而放弃。是就此认输投降，还是摆脱暂时的负面情绪，试着往前走走看，两者的结果完全不同。

如果你经常压抑自己的情绪，那你很可能连正面的情绪都感受不到。一个人感受不到负面情绪看似不错，但他对那种"太让

### 你真是个平平无奇的小天才

人兴奋了""太高兴了,这是最棒的"之类的积极情绪,也会无动于衷。

在我演讲会的提问时间里,有人问我:"如何才能感知到自己的情绪?"这类人在很小的时候就阻隔了自己的情绪——也许是为了自我保护,养成了麻痹自己心灵的习惯,将自己变成了没有情绪的机器人。看到这里,有些读者已经开始心有戚戚了吧。

如果你也面临这种情况,我建议你从心理康复开始。比如:"早上起床的时候,想一些开心的事情""中午吃自己喜欢的东西""试着和别人进行积极的对话""试着故意表现得不礼貌"。在这样做的过程中,你沉睡的情绪会慢慢苏醒。

从想要寻找天赋开始,你的各种复杂情绪就交织在一起,比如:"我做不到"的绝望感,"我没有任何价值"的失落感,以及烦躁、兴奋、高兴、悲伤等。一天之内,会有很多情绪动摇你的内心。

人们通常认为,过于情绪化是不好的,但从寻找天赋的角度来看,这是一件好事。因为情绪就像地震,会让你的内心发生地壳运动般的巨变。

### 苛求自己,天赋爆发的前兆

如果你认为只要找到天赋,你的人生就会变得光辉灿烂,那就大错特错了。天赋一定伴随着消极情绪,因为"现在还不够完美"的想法，能够激发各种各样的情绪。

比如，有些美丽的女性会让人产生追求审美的意识，这是她们的天赋。但是，她们中大多数人都不喜欢被人看到，因为她们只注意到自己的缺点，不认为自己是美丽的。

有些人拥有唱歌的天赋，但总是对自己很苛刻，很难在人前开口演唱。有些人有写作的天赋，但他要么不写，要么写了也绝对不给别人看。还有很多人有绘画天赋、设计造型作品的天赋，他们也很少使用自己的天赋。

擅长制作料理的人，可能一直都在做着家常便饭。

很多有特长之人的最终结果是，他们的架子鼓、吉他、画架、稿纸、厨具等，多年来一直尘封在老家的壁橱里。

有些人可能单纯地认为："你喜欢的话，只管去做不就行了吗？"但是，明知自己的天赋所在却迟迟不肯行动的人，他们的想法是很复杂的。

为什么他们不允许自己这样做，也不和人分享自己的天赋呢？因为对他们来说，这是比生命更重要的世界，决不能半途而废，他们也不想让不懂得欣赏的人进入自己的世界。这种苛求完美的审美和情绪，阻止了他们去做自己最喜欢的事情。

天赋激发了他们的积极情绪和消极情绪。如果周围的人劝他们去唱歌、绘画、演讲、烹饪，他们会很生气，原因如上文所述。他们也会疑惑："我为什么要生气呢？"他们对自己的情绪感觉不可思议。

天赋会像上面的例子那样向你发出信号，一旦你被激发出各种情绪，就说明天赋已经近在咫尺了。反之，如果你发现自己在不知不觉中变得感情用事，基本可以断定，你离天赋的源泉越来越近了。

## 直面黑暗，才能走向光明

在寻找天赋方面，有很多积极的方法，我在很多书中都有介绍，"做能让你感到兴奋的事情""做你觉得开心的事情""做从小就喜欢的事情"等，都是很容易理解的方法。

我在做咨询辅导的过程中，发现了从消极方面寻找天赋的方法。

在现今的社会中，人们普遍认为，最好给消极情绪盖上一个"盖子"。一个人在职场上每天笑容满面，你觉得很正常的，但一个人在职场上号啕大哭，你会做何感想呢？

如果是个年轻的小姑娘还情有可原，要是一位中年男性在职场上痛哭流涕，周围的人会做何感想？

当你彻底地面对自己的消极情绪时，你就能够在心中找到沉睡的天赋。通过"放弃了什么"而积攒的消极情绪的深处，隐藏着你的天赋。在那个时候痛苦尚未治愈的人，就会产生这种不愉快的情绪。

读到这里，可能很多读者认为："我现在已经不想再面对悲伤、愤怒和烦躁的情绪了。"但是，只有直面自己内心的黑暗，才能走向光明。

世界是由"阴"和"阳"构成的。你必须走到最黑暗的地方，才能找到你的光明所在。话虽如此，也不是所有人都要体验深切的痛苦。对于这些，你今后一定会有所体会。

**痛苦，积蓄"能量"**

如果你现在感到痛苦，这是一件好事。这说明你正在积蓄将来发挥天赋的热情。借用萩本钦一[①]先生的话来说就是："越是感觉不行的时候，你的好运积蓄得越多。"现在的不顺，正是为了将来的美好。

如果现在你正处于困境中，说明你正在以最短的捷径，朝着自己的天赋奔去。

遇到降职、裁员以及不被上司认可的时候，正是你蓄势待发的时候。

一个人只有在事情不能按照自己的意愿进行，感觉痛苦不堪的时候，才会真正面对自己内心的黑暗。当你选择不逃避，直面

---

① 萩本钦一：天才喜剧演员、著名主持人。一直担任人气节目《超级变变变》的主持人。

自己内心的时候，你一定要看清楚，到底什么对你来说是最重要的。如果你有强烈的意愿，再也不愿放弃某件事，那么一直蓄势待发的天赋就会一飞冲天。

绝望和痛苦正是黎明前的黑暗。

与此同时，你的所有黑暗面也都会浮出水面，比如傲慢的性格和喜欢一锤定音的浮躁。

当你的情绪发生天崩地裂般的巨变时，你的天赋就会出现。

当你走到人生的岔路口时，那条看似恐惧怪异的道路才是你应该走的道路。

## 烦躁，是天赋在躁动

天赋通常存在于你意想不到的地方。

我的朋友吉岛智美是收纳整理专家。据说她在学生时代去朋友家玩的时候，总是感觉很烦躁。因为房间太乱了，所以她心情不好，她会感叹"好好收拾一下房间多好呀"，然后就开始帮朋友收拾房间，朋友非常感谢她。类似的事情发生很多次以后，她才意识到这就是她的天赋所在。现在，她已经出版了好几本著作，还担任日本专业组织者协会的理事长，指导了很多人。

如果你去餐馆吃饭，不能容忍温度不高的汤，或者对咸淡程度以及煮面的方式感到烦躁，说明你有制作料理的天赋。对味觉不敏感的人，只会笑呵呵地吃饭，不会多想。

## 第 4 章　天赋随处可见，你只需发现

有写作天赋的人在看书的时候会感到烦躁，他们会心情不爽，觉得书的内容很肤浅，等等。因为他们在写作方面有天赋，所以他们能够总结出这些缺点。

如果没有那种天赋，你就不会感到烦躁。

我建议大家试着想一下，在日常生活中，你们会在什么情况下变得烦躁。你的烦躁点，也是你的天赋所在。

你真是个平平无奇的小天才

# 天赋的"顿悟时刻"(一)

## 被训斥时发现

天赋经常在你挨训的时候被发现。

在我的演讲会上进行问卷调查后,我了解到,大家经常挨训的前三大说法是"你老实待着""你安静点""你别再聊了"。你也挨过这样的训斥吧。

从另一个角度来看,这就是你的天赋。

如果你被训斥"你老实待着",说明你总是喜欢到处走动,你肯定会得到"不稳重"的负面评价。而且,你可能也会觉得"我总是不够沉着冷静,这样是不行的"。但是,这里面也蕴含着有行动力、不因循守旧、喜欢创新的天赋。

在孩提时代,在那些能量无法抑制的地方,你的天赋在沉睡。

比如,一个人总被训斥说"你应该多出去走走"。其实,一直把自己关在房间里看书或者画画,这就是天赋。这种行为说明,他有一种踏踏实实进行创作的天赋。

经常挨训的事情,就是你最大的天赋所在。

你小时候被人训斥过吗?

长大成人步入社会后,你依然因之挨训的那些事,将来成为天赋的可能性最大。被人斥责和诟病的地方,正是你的天赋所在。

当你被训斥"讲话要有礼貌"时,你会发现,原来你拥有"对谁都直言不讳"的天赋。

被训斥的原因是:这种行为不被世俗所认可和接纳。反过来说,很可能大多数人都没有这种天赋,只有你才拥有。

看不惯这种做事方式的人会因此而发火。你拥有一种偏离了社会规则的优秀天赋,这就是你被训斥的原因。

## 在失落时发现

你在感到失落的时候也要记住,这是你的天赋造成的。

有写作天赋的人,读了其他人的优秀作品就会感到失落。有作曲天赋的人,听到比自己更有天赋的人写的曲子就会失落。有制作料理天赋的人,在外面吃到美味的菜肴,自己却做不出这样的味道,就会很失落。

我们在很有自信的领域,见识到其他人的优秀天赋时,就会感到失落。

你在什么时候会感到失落呢?好好探寻一下背后的原因,也

### 你真是个平平无奇的小天才

许你就能发现自己的天赋。

天赋是在比较中显示出来的。我们经常在无意识中把自己和别人进行比较。

和别人相比，我们是更帅还是更衰？包括我们的穿着、妆容、身材、相貌、社会地位、性格等，我们都喜欢与路人进行比较。特别在意别人眼光的人，更容易把自己和所有的男人女人进行比较。

当这类人遇到一个才华横溢之人，而后者恰好拥有和自己属于同一领域的天赋时，这个喜欢比较的指针就会大幅度摇摆。在这种时候，他们就更能清楚地知道自己的天赋所在。

### 在嫉妒时发现

当你对某事产生嫉妒之心的时候，那很可能就是你的天赋所在。嫉妒是对拥有相似事物的他人表现出来的感受，如果没有同样的天赋，你就不会对他人产生嫉妒。

如果你看到一个人在众人面前妙语连珠，令人开怀大笑时，会产生嫉妒情绪，那说明你一定也有在众人面前演讲的天赋。

如果你看到有人在表演或跳舞时台下掌声雷动，或者看到别人的网页设计、绘画作品时，会产生嫉妒感，那说明你在这个领域也是有天赋的。

见到与自己的天赋不属于同一领域的能人时，你不会产生嫉妒的感觉。如果你对某个领域的能人产生了嫉妒，那你一定要思考一下自己在这个领域是否拥有天赋。

## 在难过时发现

你平时看到某些事物会难过吗？

比如，有些人在花店看到鲜花不被人重视时，或者看到从补习班放学回家的孩子百无聊赖的表情时，都会感觉很难过。他们会认为"那些鲜花遭到如何冷遇，那太可怜了""孩子明明可以做更开心的事情"等。

从另一个角度来看，这是一种感觉失去了某些东西的感性。也就是说，他们拥有爱惜鲜花和能让孩子快乐的天赋。没有这种天赋的人，即便见到鲜花和孩子，也不会感到难过。

## 在绝望胆怯时发现

在这个世界上，有一种人会对社会感到绝望和困惑："为什么到处都充斥着争斗和怒气呢？"那是因为，这种人拥有给社会带来和平的天赋。

那些对政治绝望的人，很可能成为优秀的政治家。如果一个人对医疗体系感到绝望，那么他有潜力成为优秀的医生或治疗师。因为他对医疗和政治怀有强烈的理想主义倾向。

"要是变成这样就好了！"正因为他们怀有这样的理想主义，

他们才会感到绝望。不过，即使一时感到绝望，他们也会爬起来，去实现自己的理想！当他们怀有这种热情的时候，他们的天赋就会绽放。如果你心中萌生胆怯，怀疑"这真是我的天赋吗"，那说明这就是你真正的天赋所在。

　　胆怯与兴奋的能量正相反，但其实，令你胆怯的事也正是你最在乎的事。一旦明白了这一点，就明白了你人生的真正目的。

第 4 章 天赋随处可见，你只需发现

# 天赋的"顿悟时刻"（二）

## 在头脑空白时发现

有的人在思考重要事情的时候，大脑变得一片空白。他们有一种习惯，一旦逼近事物的核心，就会瞬间变得无法思考。但这绝不是坏事。

当被问到某些事情时，你的大脑突然一片空白，那说明你被说中了。

当听到有人说"你有在众人面前跳舞的天赋"时，如果你并不觉得那是你的天赋，你可能会象征性地回应一句"是吗"，但如果对方一语中的，你的大脑就会一片空白。

越是你认为重要的事情，越有可能在被人提到的瞬间使你无法思考。就像被夏洛克·福尔摩斯追问"你就是凶手"一样，让大脑停止思考，是你唯一的退路了。

## 在兴奋的时候显露

你之所以会感到兴奋，是因为那个时候你的天赋全面显现出来了。

每个人面对兴奋的表现都不同，有的人是心跳加速，有的人是胸闷窒息，有的人是想上厕所，有的人是浑身发冷、直打冷战。我很尊敬的上智大学的名誉教授渡部升一先生的表现是"脊背发麻"。

如果你并没有去做某件事，只是想象一下就非常兴奋的话，那无疑就是你的天赋。如果你只是想象自己在几百人面前进行演讲的情形就会很兴奋，那说明这是你真正想做的事。

## 在忘我的境界沉醉

所谓进入一种境界，以职业高尔夫球手为例，就是球手进入一种"这个推杆肯定会进，不存在失误"的心理状态。当你有"这件事肯定顺利"的直觉时，你已经进入了这种境界。

这种境界也可以被理解为一种"如痴如醉的状态"，就像在梦中一样。

当你沉迷于某件事的时候，时间会发生扭曲，过去、未来和现在的分界线消失了，你进入了一个特殊的时空。小孩子经常埋头玩耍，浑然忘记了周围的事物，那正是这种状态。

成人也会发生同样的情况，比如："刚着手设计的家具样式图，连续画了三个小时""一直忘我地写诗，意识到的时候已经是凌晨了"。

## 在最开心时闪亮登场

在迄今为止的人生中，你最开心的时刻是怎样的瞬间？那个时候，你和谁在一起？你有着怎样的感动呢？你为什么那么开心？

你感到开心的时候，是你最闪亮的瞬间。如果你继续探寻，你就会发现，这也和你的天赋有关。

在患者被治愈的瞬间，内心感到震颤和感动的人，拥有治疗师、心理咨询师的天赋。看到团队成员达成目标、欣喜若狂的样子时，感到喜不自胜的人，拥有领导者的天赋。

当创作的小品让观众捧腹大笑并被评论"真有趣"时，内心感到无比高兴的人，当然是拥有搞笑天赋的人。

请再次回想一下，你最开心的瞬间是怎样的？

你真是个平平无奇的小天才

# 生活中并不缺少发现天赋的眼睛

估计很多人都不记得自己的天赋是在什么时候被发现的。接下来，我会介绍天赋是在什么情况下被发现的，也请大家好好感受一下，自己属于其中的哪种情况。

当然，万事因人而异，没有所谓的正确答案。而且，在深入阅读的过程中，你可能会有诸如"真羡慕那些天才……"或者"我肯定不行"的感觉。

不过，不要灰心丧气，要相信，一定有一个最好的时机在等着你。

发现天赋的时机大致有六个，让我们依次来看看吧。

**父母发现我们天赋的时候**

这种情况在运动和音乐领域发生的比较多。

这种模式是：父母在孩子三四岁的时候就看到了他们的天赋，并让他们接受精英教育。这在棒球、足球运动员和世界级小提琴演奏家等一流人物中是很常见的发现天赋的方法。

在自行车、举重、拳击等特殊的运动领域，有很多父子两代人都很成功的例子。我们可以认为，其中既有遗传因素，也有后天精英教育的因素。

遗憾的是，对于正在读这本书的你来说，这种方法几乎不适用。

因为，属于这种类型的人是不会读这本书的，他们此刻早已经找到了自己的天赋，并为了成为那个领域的领军人物而全身心投入其中。

## 老师朋友发现我们天赋的时候

在孩子8岁到18岁左右，学校的老师、当地体育俱乐部的教练、邻居和亲戚，他们意识到了孩子的天赋。孩子的天赋被发现。

比如，在学校的体育课上，老师发现某个孩子的运动神经非常好。在一些日本象棋比赛中，老师发现某个孩子具有天才般的思维。在社区的歌唱比赛中，某个孩子天才般的嗓音让大人们惊喜万分。之后，这些孩子就顺理成章地交由专业的教练进行指导。

我听过这样的说法，要想当餐饮界的大师，一个人在15岁到18岁这个味觉最发达的时期，最好不要上高中。在18岁之前，他最好能到一家正规的餐厅进行专业学习，18岁以后再去读夜校。

在味觉最发达的重要时期，如果他经常吃中学生喜欢的汉堡

### 你真是个平平无奇的小天才

等"垃圾"食品，他的味觉就会出现偏差，无法做出一流的料理。

这种方法不适用于大部分正在读这本书的人，但你们也不必为此沮丧。即使不能成为天才，也可以把一流的水平作为目标，也可以快乐地生活。

## 遇到拥有相同天赋的人时

现在开始介绍的，是与普通人相关的模式。

当你遇到和自己拥有相同天赋的人时，你总会有一种心灵被冲击波所撞击的感觉。"读着书，浑身就激动得颤抖起来""听着音乐，泪水就夺眶而出""看着电影，身上就开始起鸡皮疙瘩"，这些经验，相信谁都有过。

有人崇拜自己的老师，便走上了教师的道路。有人听了政治家的演讲后，也开始把政治作为自己的目标。美国前总统克林顿讲过，他在上高中的时候，曾在白宫与肯尼迪总统握了手，当时他的内心感受到巨大的震撼。

还有很多年轻人相信，只要让他们遇到像 Lady Gaga[①] 这样的超级明星，他们也能成为明星，在武道馆举办演唱会。

如果遇到和自己拥有同样天赋的人，你就会意识到，你将来也会走上同样的道路。

---

① Lady Gaga：美国著名女歌手、词曲作者、演员、慈善家。

## 与他人相比较的时候

这是一种通过观察周围的人进而了解自己的模式。

有一位画家跟我说,他上小学的时候,在一次美术课上,老师让大家画出面前的鲜花,但他发现,他根本看不出同学们画的是鲜花,这让他一度以为自己听错了老师留的题目。结果,当老师看到他的画时,目瞪口呆,因为他画出来的玫瑰,就像用彩色复印机印出来的一样。

同时,他看到同学们的画纸上那些完全看不出是玫瑰花的东西时,也吓了一大跳。对他来说,把鲜花原封不动地呈现在纸上是一件很容易的事情。所以,当他看到同学们拙笨奇怪的画时,他觉得很奇怪:"他们为什么连这都做不到?"当他把自己的画和周围人的画进行比较的时候,他才发现自己有艺术天赋。

由此可见,只有和别人进行比较后,你的天赋才会被意识到。

## 被周围的人感谢的时候

如果你因为某些事情得到了周围人的感谢,那么这些事很可能是你的天赋。

HIS 旅行社[①]的泽田秀雄会长在德国留学的时候,曾带着日

---

① HIS 是日本一家国际廉价机票服务旅行社的简称,30 年来凭借廉价机票和国际旅行社服务取得了令世人刮目相看的成绩。

### 你真是个平平无奇的小天才

本游客参观德国的城市，游客非常开心，对他说："真的是太好了！""真的感谢你！"既然能让游客们开心，他就更想好好地去做这件事。最后，他创业成功了。

你一定也做过让周围人感谢的事情。

比如，当介绍人，帮别人搭配衣服或修补衣服。你可能会产生疑惑："什么？这种小事也能让别人开心吗？"没错，就是这样。

天长日久，你会逐渐产生一种想要带给别人更多喜悦的欲望。在这个过程中，天赋会绚烂地绽放。

### 偶然发现自己做得很好的时候

这并不是你的主观意愿，而是你身处某种环境中才意识到的一种模式。

比如：你突然被要求担任公司内部会议的主持人，结果你发现自己像专业主持人一样讲得非常好，让大家大吃一惊。最吃惊的可能是你本人。通过这种方式，你第一次发现了自己的天赋。

有些事情，你很难有机会去尝试，只有因人所托或偶然做了之后，你才会意识到自己比别人做得更好。

第 4 章　天赋随处可见，你只需发现

# 天赋不是天才的专属

发现天赋的方法有很多种类型。各种类型并没有正确与错误之分，你要采取适合自己风格、气质的类型。

接下来，我会逐一介绍所有类型，请你选择一种你最有感觉的类型试试看。也就是说，当你认为"这样做会很开心"的时候，那就是最适合你的类型。

## 目标型——追求自己想做的事情

那些找到自己天赋的人给人的印象是，他们在不断努力前进。一般来说，很多人都倾向于认为自己没有这样的行动力，所以不行。

目标型的人喜欢思考自己能做什么，制定现实的目标，并朝着目标努力。达成一个目标后，他们会制定下一个目标。他们虽然掌握了技能，但并不等于发现了自己天赋。虽然找到了类似天赋的东西，但由于已经开始进行下一个项目，他们无法静下心来磨炼这种天赋。

这种类型的人，能够找到天赋的少之又少。因为擅长行动的

### 你真是个平平无奇的小天才

人,都不太注重精神上的感受。越是积极地去做一件事,就越远离自己的情绪。虽然他们擅长像洄游鱼类[①]一样行动迅速,但不擅长安静地面对自己。

## 灵感型——突然发现自己想做什么

这种类型的人就像被雷电击中一样,突然明白了自己的天赋是什么。然而在现实中,这种如同电影桥段的事情,不是那么容易发生的。

虽然一提到发现天赋的类型,大家马上就会想到上文介绍的行动派的目标型和天降神谕的灵感型,但其实这两种人都寥寥无几。其中有的人遵从自己的内心,开始独立生活,有的人凭着直觉,决定去留学。

这类人完全凭直觉决定要做什么事情,并没有想好这么做的理由。不过,从结果来看,这种做法效果尚可,这说明某些信息还是能够发挥有效作用的。

即便没有发生这么戏剧化的事情,我们也能找到天赋。实际上,现实中更多的是接下来要介绍的类型。

---

[①] 洄游鱼类:进行长距离移动和海河之间运动的鱼类称作洄游鱼类。

## 展开型——不知不觉中眼前一亮

这种类型的人出乎意料的多。

如果说前面的类型属于直线型,这种类型就属于曲线型。换句不好听的话,可以说是毫无计划,临时抱佛脚。

不过,他们很善于抓住眼前的机会,一边体验着一部又一部精彩的电视剧,一边用意想不到的展开方式发现自己的天赋。优秀的人也会在这个过程中相遇。

就这样,这种类型的人从事着至今为止想都没想过的工作,并在那个领域意识到了自己天赋的存在,人生也随之改变。

展开型的有趣之处在于,他们的人生并没有什么规划,生活得过且过。但他们通过追求眼前的不可思议的巧合,使自己的人生变得有趣。

## 受人之托型——在受人之托做某些事的过程中开辟新天地

这也是发现天赋的一种模式。

所谓"受人之托",其实与自己的天赋关系密切。

虽然你没有注意到,但周围的人却意外地发现了你的天赋。正因如此,他们才会拜托你去做演讲、做翻译、做网页、当介绍人、主持派对等。

对你来说,这些事情既简单易行又能让你开心快乐,所以你会轻松地答应对方。周围人看到你的能力后,会继续拜托你去做

你真是个平平无奇的小天才

这些事。

这些事，百分之百与你的天赋有关。

当你完成受人所托之事后，对方会非常高兴，有可能会请你吃饭或送你礼物作为答谢，而且，还可能介绍朋友给你认识。

天赋具有"只有试着去做，才能意识到这是天赋"的不可思议的性质。只有当别人拜托你"帮忙插花""帮忙推荐旅游线路""帮忙讲演""帮忙写文章"时，你才会意识到这是你的天赋。

## 兢兢业业型——一点一滴慢慢发现自己的天赋

天赋，也可以在踏踏实实做某件事的过程中被发现。

能够兢兢业业、始终如一地做一件事，本身就是一种天赋。更何况，如果你愉快地做着在别人看来很麻烦的事情，你一定会在将来的某个时点得到别人的认可。

当你获得别人的认可时，你的天赋就会露出庐山真面目。在刚刚开始做事的时候，即使有人指出这是你的天赋，你也可能完全摸不着头脑。

但是，当看到周围人高兴的样子和兴奋的状态，你在感觉自豪和欣喜的同时，也会认同这就是自己的天赋。

## 复位重启型——告别不堪的过去，开启全新的人生

在过去的某个时点之前，有些人一直过着普通人的生活，然而，当他们遭遇裁员或身患疾病、被迫失去工作时，他们会启动这种模式。

有的人可能在生疏地推销保险的过程中，逐渐发挥出很强的天赋，刚刚入职两个月就快速冲到销售榜首。而在此之前，他只是研究所的一个小职员，如果不是因为裁员，他可能这辈子都与销售无缘。他的人生发生了变化，如今，他每天都比在研究所工作时精神百倍。

如果他没有被裁员的话，他现在大概还在做着自己并不喜欢的研究工作。

在这个世界上，像这种绝处逢生、否极泰来的事情比比皆是。

## 回归家业型——回到自己祖祖辈辈的家传事业中

这种类型的人，家族中的祖祖辈辈都是医生，或是政治家、生意人等。但是，他们讨厌老家的工作，年轻的时候坚决拒绝继承家业。他们想靠自己的力量另辟蹊径，从事不同的职业。

他们到了一定年龄后才意识到，自己的身体里其实流淌着祖传的强大基因，他们会因此产生"我还是想当医生""我还是想成为政治家"的想法。

**你真是个平平无奇的小天才**

　　这种想法的转变，基本发生在 40 岁以后。我把这种人命名为"回归家业型"。他们一开始会叛逆，走上另一条路，但从某一天开始，他们会对这条路产生不适感，并最终发现，真正适合自己的路，其实就是家传的事业。

　　他们回归家业后，会有一种说不出的心灵的安宁之感。回到老家的安全感，会让他们实现质的飞跃。

# 第 5 章
# 天赋背后也有阴影

天赋之才,决不可以据为私有。

——稻盛和夫

# 天赋并非如此美好

**未知的痛苦来自天赋**

大家可能会觉得，我们一旦找到了天赋，之后的人生就会变得多姿多彩。然而现实的人生并没有那么一帆风顺。

善于运用天赋的人，能够在人生中乘风破浪。但是，在天赋尚未被很好地开发出来时，这些难能可贵的天赋会给你带来痛苦。也许他们本人都不知道自己为什么这么痛苦。

迄今为止，我对天赋进行了近30年的研究，我注意到一种现象，可以说是"天赋的副作用"。越是有天赋的人，越会因此烦恼和痛苦。而且，这种副作用大多在距离成功很久以前就发生作用了。

譬如，拥有心理咨询师天赋的人，能够感知别人的情绪，但他们自己本身很容易陷入各种情绪纠葛之中，这是为了亲身体验如何从这种情绪中重新振作。有激励他人天赋之人，也会陷入一种抑郁的泥潭，他们要从激励自己开始做起。

有理财天赋的人，从小就极易卷入金钱的漩涡之中，或者年

### 你真是个平平无奇的小天才

纪轻轻就欠了一大笔债,这些都为将来天赋的显现打好了基础。

在医生、护士中,有很多是从小家人因病去世或自己经常生病的人。在特应性研究的专家中,有些人在很小的时候,就因特应性反应而备受痛苦折磨。很多减肥专家都曾经是很胖的人。在教速读的老师中,有的是从小不喜欢看书的阅读障碍者。

他们是会把曾经遭受的痛苦转化为自己在专业领域中的能量,利用自己的天赋,首先让自己回归原点,再从原点出发,将同样的天赋用于周围的人。病愈康复的喜悦,终于摆脱阅读障碍的喜悦,也就是说,那种由绝望化为希望的喜悦,成了一个人选择自己毕生事业的原动力。

### 放飞天赋前总要负重前行

天赋有一种不可思议的性质,那就是:"被赋予多少天赋,就要承担多少责任"。如果不能人尽其才、才尽其用,我们就会非常痛苦。这像是一种为了让天赋得到充分发挥而特意设计的机制。

拥有感受他人情绪的天赋的人,当其天赋不能被很好地使用时,他就会因为对自己和他人的情绪感受过于强烈,而感到痛苦和混乱。

有些人明明有销售天赋,却没有将其充分融会贯通,总会有一种欺骗顾客、强行推销的感觉。这样一来,他们心里会有一种

## 第 5 章　天赋背后也有阴影

失落感。

有些人拥有演讲或唱歌的天赋，但却没有机会使用，久而久之，他们就会积郁难平，身心疲惫。

有些人明明拥有激励他人、给他人以勇气的天赋，却没有机会和任何人交往，总是宅在家里，越来越抑郁和痛苦。

如果不能够才尽其用，天赋就会让你变得痛苦。就像如果没能履行给人带来幸福的义务，作为惩罚，你也不会让自己幸福一样。

为什么会发生这样的事情呢？这可能是因为，我们要想从心灵深处获得灵感并让天赋觉醒，就需要先体验悲伤和痛苦。

我把打造幸福的家庭作为我毕生事业的主题。这可能是因为我父亲喜欢酗酒，使全家人一直生活在恐惧当中，所以我非常珍惜内心的安宁，而这份安宁也是我在孩提时代未曾拥有过的。

当你看到有人和你一样，处于从小就痛苦不堪、多次想死的状态时，你也会发自内心地想为他做点什么。这与你对毕生事业的热情息息相关，当你意识到这一点的时候，为此所需的一切天赋就将会绽放。

你真是个平平无奇的小天才

# 天赋有时更像诅咒

## 天赋也会被恶意笼罩

在此我也想说说天赋的黑暗面。

所谓黑暗面,就是与光明相反的一面。如果能很好地发挥自己的天赋,本人和周围的人都能获得幸福。反之,所有的人都会痛苦。

《星球大战》[①]中的男主角阿纳金·天行者本是绝地武士团的光明战士,但是,当他跌入黑暗面时,就变成了邪恶帝王般的存在。

如果你错误地使用了天赋,你和你周围的人,就会变得很悲惨。

比如,拥有心理治疗天赋的人如果恶意地使用这种天赋,就会把人心玩弄于股掌之间。如果他天赋过人,给别人洗脑也是大有可能的。

---

① 《星球大战》:是美国导演乔治·卢卡斯所制作拍摄的一系列科幻电影。

如果一个人将讲故事的天赋运用在错误的方面，他就可能成为诈骗者。

如果一个人恶意地使用了鼓舞人心的天赋，他就可能通过不法交易赚取不义之财。

如果一个人恶意地使用挑逗别人的天赋，他就可能会导致别人的婚姻破裂。

我们以两位都具有领导人、鼓动者（煽动者）、变革者和政治家原型的人物为例。

其中一位是奥巴马总统。他一扫当时美国气氛沉闷的局面，点燃了美国人民的热情，让每个人都能感受到希望，相信国家的未来。可以说，他是一位能够通过演讲给人以勇气的优秀领袖。

另一位则是希特勒。他不仅让自己的国家卷入战争，还把全世界都拖入了战争。

他们都具有激励别人、给人以动力、驱使别人采取行动的能力，但如果其目的具有黑暗面，就会让很多人陷入不幸。

## 近在咫尺的黑暗面

很多地方都充斥着黑暗面的负能量，但不一定都像上面的例子那样有那么大影响。想要卷走老人钱财的诈骗公司，想要偷工减料、中饱私囊的施工公司，向顾客推销其根本不需要的东西的推销员，等等，都属于错误地使用天赋、做黑暗生意的例子。

### 你真是个平平无奇的小天才

前几天，我在电视上看到一个关于"我我欺诈"[①]的专题节目，节目中的欺诈团队合作得天衣无缝，他们充分利用了心理学、销售、商务和法律等专业知识。如果他们能将这些天赋运用在风投企业中，一定能获得成功。非常遗憾的是，他们把这种能力用于犯罪。

还有很多广告业从业者，他们即使没有达到犯罪的程度，也很喜欢以近乎洗脑的方式向无知的消费者推销商品和服务。他们运用最先进的行为心理学、销售心理学，为公司的最大利益而行动。暂且不论他们是否违法，这种工作方式至少有违道德。

在教育行业中，很多老师仍在以教育的名义体罚学生。其实很多时候，老师只是因为情绪烦躁，想拿学生出气。但是在教室这种封闭环境中，老师的动机和行为很难得到核实和查验。

### 天才的黑暗是一场悲剧

从大的方面来看，人类的黑暗，大部分是由陷入黑暗面的天才导致的。

能力优秀但道德沦丧的参谋本部曾经引发过多少战争？即使在 21 世纪的今天，阴谋活动、间谍活动等仍在公然进行着，国

---

[①] 我我欺诈：日本电话诈骗的一种形式，骗子冒充子女给独居老人打电话，谎称自己出事了，老人们便会惊慌失措地将钱寄过去。由于犯罪分子经常在电话的开头急促地说"是我，我"，故得此名。

家间的竞争远离了公平和健康。

除上文所述希特勒的例子,更久远的还有从罗马时期和汉朝时期开始,很多能力优秀但道德缺失的政治家造成的很多悲剧。他们利用自己的地位,收受贿赂,向所辖的民众收取年贡地租,这些也都属于天赋的黑暗面。

正在不断发生的资本主义的失控,也是由一些自私自利的资本家引起的。

一位能力优秀的基金公司经理知道自己将要破产时,他会反复进行赌博般的交易。拥有理财天赋的他,明明可以想出一种机制,让社会财富公平分配,但他却把所有的天赋用于让自己获得高额的奖金。就像这样,世界上很多优秀的天赋都被错误地使用了。

## 失控的人驶向黑暗

为什么能力优秀的人会陷入黑暗面之中呢?这是一个非常有意思的题目。

那些拥有天赋却不懂得平衡情绪的人,容易陷入黑暗面之中。他们因为"想得到更多的认可""想获得财富""想控制他人""想证明自己是对的"等动机而不惜牺牲很多人的生命和财产。

他们情感匮乏,就像在海上漂流时用海水解渴一样,是永远无法止渴的。他们像一个狂叫着"我还要更多"的凶猛怪物。一旦系统失控，自检功能瘫痪，他们就会无法控制自己。这就是曾经朝着错误方向前进的政治家和企业家不撞南墙不回头的原因。

## 天赋太重，天才也会平庸

让我们把话题转回我们身边吧。

世界上有些人因为才华太出众而毁掉了自己的人生。他们逐渐变得傲慢无礼、疏忽大意或者被周围的压力所压垮。

很多小时候被誉为音乐天才和运动天才的人，经常在成长的过程中喘不过气来。在你的身边，可能也发生过这样的事情。

如果他们因为拥有"天赋之才"而骄傲自满、疏于练习的话，就会被那些没有那么多天赋却踏踏实实练习的人超越。这样的话，他们的自尊心会受损，认为"明明我更厉害……"，从而产生一种"那就算了吧"的消沉情绪，就此放弃。

有些人是被父母和周围人的期待压垮的。

在小学和中学的时候，那些在运动会上总是名列前茅的人，会被周围的人寄予诸如"将来能进奥运会"等过多期待，由于这种期待太过沉重，他们开始变得讨厌运动。

第5章 天赋背后也有阴影

# 拥有天赋却迷失方向

## 放纵天赋的不幸

接下来聊聊天赋和运气。

所谓天赋，是一个人本身就具有的能量。对于运气来说，无论好运厄运，都具有将天赋放大的作用。

擅长讲话的政治家本身拥有演讲的天赋，但如果他过于相信这种天赋，也会导致不幸。比如：他说了很多不该说的话，发言失误等，都容易遭到舆论的批评。

赚钱也是一样。有时，一个人赚了太多的钱反而会倒霉。不求日进斗金，但求稳赚不赔。这样的话，天赋才更容易开花结果。

如果一个人拥有适当的运气且能稳步前进，就一定能得到别人的支持，将好运持续下去。如果他只做"一锤子买卖"，瞬间将天赋消耗殆尽，就会引起周围人的嫉妒，很快会徒劳而返。

"提前消费运气或天赋"，很可能会让这个人变得极其不幸。

要好好运用运气和天赋才行。

你真是个平平无奇的小天才

## 固执是阻碍你的顽石

天赋就像埋藏在地底深处的原油，有的人拥有庞大的储油量，有的人则没有。一个"储油量"不多的人，如果在短时间内把原油全部抽干，天赋就会瞬间枯竭。

这就是为什么音乐家、作家、演员等这些需要靠单一天赋一决胜负的职业，很少有人能长期坚持下去。

我坚持做了10多年的作家，经常能接触到周围不断涌现的畅销书作家，我发现他们在不断地改变着天赋的挖掘方式和挖掘地点。

一旦感觉到目前的写作方式不太好，他们就会微妙地（有时也会全然地）改变自己的立场、展示方式、风格等。这样的话，他们就不会感到厌倦，也不会让自己燃烧殆尽，可以持续地发挥自己的天赋。

那些在中途销声匿迹的人，总是执着于自己一直以来的成功法则，很难改变自己，也没有注意到时代的变化。因此，他们一直在重复同样的技能。在这个过程中，这样的重复让大家感到厌倦，他们自己的天赋也无声无息地消亡了。

要想长期活跃下去，就必须不断挖掘自己全新的天赋之泉。听到这里，你可能会觉得这样做会很辛苦，但反过来，这也是一项可以边享受边进行的工作。

## 自我怀疑，来自天赋

在发现天赋、磨炼天赋的过程中，"不安"是难免的。

昭和时代①的著名作家松本清张②在获得芥川奖后不久，给责任编辑樱井秀勋写了一封信，说他很烦恼，感觉自己没有继续当作家的天赋。我听到这个故事时非常惊讶，原来，即使是那么优秀的国民作家，也会担心自己没有天赋，也会感到不安。

画家凡·高生前也曾对自己的天赋感到绝望。凡·高一生画了近 2000 幅画，但有生之年却只卖出去一幅，换成任何其他人，都会失落消沉。同时，有证据表明，莫扎特在其一生中，也常对自己的天赋感到不安。

从这些故事中可以看出，即使是天才，也会担忧"我到底有没有天赋"。

一个人如果不曾有过"我到底有没有天赋"的不安感，就无法成为一流的人才。

反之，从不怀疑"我拥有天赋"且满怀自信的人，最好思考一下，自己是不是真的拥有天赋。

---

① 昭和是日本天皇裕仁在位期间使用的年号，时间为 1926 年 12 月 25 日—1989 年 1 月 7 日。
② 松本清张是社会派推理小说之父，曾经获得多个奖项。与江户川乱步、横沟正史并称为"日本推理文坛三大高峰"。

你真是个平平无奇的小天才

# 因为天赋，所以抵触

当你想开发自己的天赋时，你一定会遇到阻碍，那是你无意识的抵触。

其中很多抵触是情绪化的东西，比如，你脑子里全都明白，身体上却不肯行动，你虽然真的很想去做一些事，但每天都在说着"过几天我就会做……"，10年时间可能就这样被荒废掉。

接下来，让我们来看看这些"无意识的抵触"。

## 觉得自己不行

当你发现自己的某种天赋时，你同时也会产生一种毫无价值的感觉。

你明明知道自己"擅长唱歌"或"擅长演讲"，但却总是认为"还有比我更好的人""我也不是专业人士"，因而不断退缩，没有抓住难得的机会。

其实，一个人并不一定"从一开始就成为专业人士"。相反，对于你来说，体验到"充分发挥我的天赋"的感受非常重要。

## 做得不开心

有时候,你难得想写点文章,但坐到电脑前或稿纸前时,你就会变得萎靡不振。刚拿出乐器的时候,把厨具摆在面前的时候,或者站在画架前面的时候,你就会莫名感到心情不好。

本应是高兴的事情,你为什么会变得不开心?这就是抵触情绪的一种。

虽然有抵触情绪,但如果你继续欢欣鼓舞地做下去,会怎么样呢?估计你已经过上了更加充实的人生。

同时,你也会相应产生"这对老公(老婆)不太好吧""对同事感到抱歉""父母会怎么想"等各种各样的顾虑。

## 总觉得麻烦

明明是你很喜欢的事情,但做起来又觉得很麻烦,这也是一种抵触情绪。

如果你感觉身体疲惫不堪,或者心情变得沉重,就说明你已经产生了心理上的抵触。

用"心理刹车"来比喻,可能更好理解。虽然你觉得自己没有任何抵触情绪,一下子就能行动起来,但你总感觉被什么东西卡住了,不能随心所欲地前进。

如果那真的是你喜欢的事情,那么即使早上 5 点起床,你也不觉得痛苦,这种事,我想每个人都体验过。有的时候,你虽然知道那是你喜欢的事情，你应该乐此不疲，但你的身体就是不肯行动。这种情况容易被你误解为"我果然不喜欢这件事"。

## 不想付出成本

当你在某件事上花费金钱和时间的时候，你往往会考虑是否物有所值。在大多数情况下，你会认为"太浪费了，算了吧"。比如，"买全套精油太贵了，还是算了吧""上专科学校太费钱了""花一整天时间去听演讲会，没啥意义"。

如果一直纠结于金钱得失，即使好不容易有了学习机会，你也不会有花费金钱和时间的心情。这也是抵触情绪的一种。

## 回忆过去的创伤

由于受过创伤，有的人在做自己真正想做的事情时，会出现抵触情绪。

比如，某人在钢琴发表会上，弹了一半就想不起乐谱来了；某人写出的文章被朋友疯狂吐槽；有人做了大餐招待朋友，却把盐和糖搞混了，非常丢人……

过去发生的窘事会像连续剧一样在他们脑海中浮现，明明是他们非常喜欢的事情，他们却"再也不想做了"。这样的人出乎意料地多。

如果你真的想做那些事的话，一定会有重新开始的时机。这个时机也许需要等上很长时间,但一定会到来。

  首先,当我们认为某件事很麻烦、对其情绪不高的时候,几乎所有人都会误以为"这件事不适合我""这是因为我没有天赋"。

  但事实并非如此。相反,我们要知道,这都是"想做这件事情的能量太多"所致。

  比如,和一个你既不喜欢也不讨厌的人说话时,你应该不会过于紧张。但如果站在你暗恋的人面前,你就会产生过度的自我意识,很容易感到紧张、目光游离、结结巴巴。这是因为你在这件事积聚的能量过多导致的。因为你一直希望被对方喜欢,不想被对方讨厌,担心被对方看成一个奇怪的家伙,所以你的行为就会变得不太正常。

你真是个平平无奇的小天才

# 挫折，天赋的必经之路

## 失败不可避免

在寻找自己天赋的过程中，先做好"这应该就是我的天赋"的心理准备，再去寻找天赋的话，就会有与很多人共通的感觉涌现出来，即"可能是我弄错了"的感觉。

刚开始，你很确信"我的天赋就是这个"，但在实施的过程中，你逐渐感觉不太对，而且，你希望天赋绽放的意愿越强烈，失望就越强烈。比如："我想组建团队，结果没能达成一致，导致惨痛的失败""我觉得自己有演讲的天赋，结果因为某句话失误而备受诟病""我想赚大钱反而吃了大亏"等，特别是，越是在年轻的时候，你越容易遭遇很大的失败。

这虽然只是我的假设，但我认为，这些失败并不是坏事，必然发生的失败，会让你意识到自己真正的"天赋所在"。

我认为，你年轻时所经历的消极的事情，都是为了将来你能够取得巨大的成就。就像越把皮筋拉向相反的方向，反弹的力量就越大。也就是说，从整个人生的角度来看，失败一开始就是你人生规划中的一个步骤,只有这样,你才能将天赋很好地发挥出来。意识到这一点的人,将不再畏惧失败,而且能够发现自己的天赋并取得成功。而那些已经被失败压垮的人,一旦意识到这一点,也会受到鼓舞,重拾信心。

很多人对眼前的失败持消极态度,或者干脆放弃自己的天赋。当他们回头再看过去发生的事情时,会醍醐灌顶,感叹道:"哦,原来是这样啊。"大家估计都有过这种经历。

失败,就是为了让自己的天赋以更本真的形式发挥出来。

如果没有意识到这一点,你就会对"为什么一直都不顺利"而心烦意乱,或者确信"我果然没有任何天赋"。这样一来,你就会陷入负面的循环,从而很可能会陷入黑暗面。所以,大家一定要多加注意。

"失败是为了发现并发挥我的天赋而存在的",如果你有这种意识,就能更早地发现自己的天赋,步入绽放天赋的人生。

## 痛苦是人生必然

正如我之前所说,如果不去面对自己内心最痛苦、最黑暗的地方,你真正的天赋就无法显现出来,你最终将无法过上自己想要的生活。

一个人如果没有经历过磨难,就会成为一个浅薄之人。只有体验过悲伤和痛苦的人,他的人生才有深度,他才更容易对处于

### 你真是个平平无奇的小天才

同样痛苦中的人产生共鸣并帮助他们。

性格开朗但思想肤浅的人，容易被周围人认为"你根本不懂我"。如果周围的人认为你根本不理解他们，他们也不会愿意去支持和帮助你。反之，如果周围的人知道你超越了巨大的痛苦，他们就会认为"这个人虽然经历了很多磨难，但却抓住了现在的幸福，真厉害"。

如果他们认为你对很多事情都不甚理解，那么你再怎么恳求他们，他们也不会产生支持和帮助你的意愿。

我们一生中遇到的所有悲伤、痛苦、疾病和不幸，都是为了让我们过上最适合自己、最精彩的人生。

### 慢慢治愈心碎

寻找天赋之旅令人欢欣雀跃，但同时，这是一场心碎之旅。

在学习骑自行车的过程中，我至少摔倒几十次。回想起当时练习的情形，我脑海里对自己摔倒的记忆比较多。

同样，在寻找天赋的过程中，在充满了"是这个吧"的期待的同时，我也会相应地充满了"又不行了"的失望。

我们总是发出"演技很差""写不出好文章""根本没有客人来"等感叹，每天都唉声叹气。

但是，其中也有闪光的瞬间，这些瞬间可能来自周围感谢的声音，也可能是我们自信的体现——确信"就是这个"。

在这个过程中，我推荐使用"治愈心碎"的方法。这种方法是把童年和过去发生的悲伤痛苦的体验一个一个地回忆起来，并拥抱那个时候的自己。

现在的你，应该能明白当听到父母说"你不行"的时候，你的那种委屈和伤心。但在当时，你的心可能已经碎成了一片又一片，你越想得到认可，受到的打击就越大。其中有些黑暗的回忆，可能已经被你封印，一时想不起来了。

那些想不起来的回忆，可能现在还不是打开的时机，没必要强行撬开记忆之门。让有些事情沉入记忆的谷底，从某种意义上来说是有必要的。

终有一天，治愈这种痛苦的时机会到来，到那个时候，请尽情地拥抱那个悲伤的、弱小的自己吧。从那时开始，一定会有某种改变在悄然发生。

# 第6章
# 有天赋谁都了不起

天赋的根本,就是相信自己有能力做些什么。

——约翰·列侬

# 八个阶段，让天赋成长

读到这里，你应该在不经意间已经形成了对自己天赋的印象。接下来，我们具体聊聊该如何培养天赋。

即使你还不清楚自己的天赋是什么，只要你明白天赋绽放可以被分为很多阶段，当你面对天赋的时候，它们就会成为很好的提示。

在这里，我们分八个阶段来看。请你一边阅读，一边想象自己要经过怎样的过程才能找到天赋。

**随波逐流生活的阶段**

现在，大部分人都处于这个阶段。他们在工作的时候，抱着"因为这是应该做的事"的态度。可以说，他们从不考虑目前的工作是否有意义，只是每天麻木地埋头工作。

即使每天做着同样的工作，他们也不会感到痛苦。无论是简单的工作，还是脑力劳动，他们都不会想得太深。

平日里，他们的情绪不会有太大的波动，每天虽然匆匆忙忙，但情绪安稳平静。即使发生什么不愉快的事情，他们只要看看搞笑的电视节目，睡个好觉，第二天就会忘记。在工资范围内，他们还可能有外出吃饭或出门旅游的机会。在工作中，有时也会发生快乐的事情，他们对工作也没有太多不满。他们可以与工作伙伴适当地谈论一些上司的坏话、演艺圈的八卦以及体育话题来活跃气氛。但是，这样的每一天都是可有可无的。

有时，他们也会对将来有一种莫名的不安，但因为每天都忙于工作、家务、育儿、陪护等，他们会逐渐淡忘这种不安。

从某种意义上说，这是一种轻松的生活方式。直到你听到有个声音在敲击你的内心……

## 不知道自己天赋的阶段

敲击你内心的正是你内心深处涌出的声音："这样下去可以吗？""现在的工作有意义吗？"当你听到这个声音时，会进行如下三种选择：

① 选择无视。

② 虽然听到了，但会很快忘记。

③ 认真倾听，改变人生。

大部分人都会选择①或②，第二天就将内心的声音忘记。但是，一旦你选择了③，就再也没有退路了。否则，你也不会选择这样一本危险的书来读。

开发天赋的台阶，从这里开始伸展，而周围的违和感就是最初的信号。

虽然你可能会很难堪，但纯真的你还是会向同事问出诸如"你不觉得现在的工作没有意义吗"之类的问题。对方会带着一副有点厌烦（或困惑）的表情回答你："你最好还是不要去想这么麻烦的事情。"

察觉到"好像有什么不一样""总是感觉很压抑"正是这个阶段的特征。有的人会因此感觉郁闷心烦，但他们很难注意到，这正是他们没能发挥出天赋导致的。

而且，会有很多人从这个阶段退回到①。从某种意义上说，这样做是一个不错的精神方面的选择：只要什么都不想，就不会烦恼，就能笑着生活。

## 从失望到行动的阶段

烦躁的状态会一直持续，当它积累到一定程度的时候，就会进入下一个阶段。

"现在的状态持续下去简直太痛苦了。我想活出真正的自己！"当你有与这种呐喊相似的感觉，并以新的生活方式为目标时，你就进入了这个阶段。

虽然你已经踏上了寻找自我和寻找天赋的旅程，但无论你走到哪里都会不顺利，这也是这个阶段的特征。

当你意识到"会是这个吗"的瞬间，你也会变得很兴奋，但

### 你真是个平平无奇的小天才

你马上就会发现事实并非如此,并因而陷入失落。不久后,你又会有新的期待:"也许是这个!"之后你又会因为期望被辜负而再次失望。

就这样,在尝试各种职业、寻找自己天赋的过程中,你会清楚地感觉到"那个肯定不是",但"没错,就是这个"的感觉却迟迟不来。接下来,你就会为了寻找"没错,就是这个"的感觉而踏上漂泊之旅。

在我的研讨会上,曾有学员问我"哪个阶段是最快乐的"。毫无疑问,这个阶段是最快乐的。

在反复验错的过程中,你每次都期待这次不会有错,却依然未能如愿。就像电影中的寅次郎[①]一样,他希望追求永远的麦当娜,但每次都会失恋。只有当你重复几十次以后,你才会遇到你"真正的爱人"。

恋爱本身就类似于一种伙伴关系。他一开始确信"这个人就是我命中注定之人",但他后来发现,这一切都只是他单方面的自我陶醉。这时,他很长时间都无法从打击中恢复过来。然而,当他重新振作后,他便又踏上了寻找美好恋人的旅程。

---

[①] 日本电影《寅次郎的故事》是全长48部的喜剧影片。讲述的是一个热爱家乡却四处流浪又四处失恋的浪子闲人寅次郎的故事。该剧每一部都捧出一个"麦当娜",剧情反映出社会大背景,或折射出人与人之间的爱情。

第6章 有天赋谁都了不起

## 知道自己是谁的阶段

历经数月乃至数年的寻找天赋之旅，到此便告一段落。当我们清楚地知道"我是谁"时，便可以进入下一个阶段。

在以上的阶段，我们很像梦游的人闭着眼睛摇摇晃晃地走着，从哪里来，怎么走过来的，我们的记忆都很模糊。但是，从这个阶段开始，你可以睁大双眼，清楚地看到四周，也能看到面前宽广的道路。

在什么情况下，我们会意识到这一点，这因人而异。但我们的共同点是：在一瞬间，我们便确信"没错，这就是自己的天赋"，就像得到了神的启示一样。一旦意识到这一点，我们一生都不会忘记。我们会带着"我就是为此而生"的使命感，直面自己的毕生事业。

## 陷入情绪低落的阶段

"没错，我的天赋就是这个"，当你明确这一点后，你今后的人生是否就会变得靓丽多姿呢？人生的烦恼之处就在于答案是否定的。

你明明知道自己有设计的天赋、有发明的天赋，但却不能随心所欲地磨炼出完美的天赋，这一事实让你陷入了两难境地。

而且，即使你确定了自己的专业领域，那里也存在大量的竞争对手。根据领域的不同，你还可能和已经不在人世的人继续

### 你真是个平平无奇的小天才

竞争。

比如，我选择的作家这个领域就是如此。当我下定决心，打算从事"用文章影响他人"的工作后，我去了书店。刚一进去，我就被数量庞大的书籍击垮了。"读者从10万本书中选择我写的书的可能性有多大呢？"当我想到这一点时，我简直要晕过去了。

除此之外，在我选择的自我启发和生活方式的领域中，除了现在活跃的作家，我还需要与一些已经过世的伟人进行竞争，如罗马时代的哲学家、歌德、尼采、莎士比亚等伟大哲学家和作家。和这些誉满天下的伟人相比，谁还会购买一个处于育儿休假状态中的普通爸爸写的书呢？

"哎呀！我不想当作家了！"我的梦想，在一天之内就结束了。当你确定自己的专业领域后，你肯定会有同样的无助感，也肯定会上百次地对自己说："我已经不行了！"因为你想要去的地方和你现在所处的地方差距太大，让人望而生畏。就像那些经常听一流演奏家演奏的小提琴曲的人，某天突然决定自己练习演奏小提琴。他之后会发现，自己蹩脚的演奏技术，怎么都拉不出一流演奏家的声音，他甚至深恨自己的耳朵太敏感。

要跨过这个阶段，是相当痛苦的。就像一个人无法将思念之情传达给单恋的对象一样，那种完全不被对方期待的郁闷之感让人很痛苦。

而且，你心中总会涌出一种自卑感："就算我自己喜欢，对方也肯定不会喜欢的！"说实话，遇到这种事情时，你肯定很痛苦。比如：如果你是芭蕾舞的舞者，你就会产生"暂时不想再跳舞了"的想法；如果你是作家，你可能一行字都写不出来。

我也一样，花了好几年的时间才走出这个阶段。如果不和自己内心的"你做不到"的声音妥协，你就无法进入下一阶段。

## 接受导师教导的阶段

想要真正磨炼自己的天赋，你需要向优秀的导师请教。

导师，就是指导老师。要想让天赋开花结果，你需要让导师对你进行具体的指导，这比自学快很多倍。不过，导师不能帮你找到天赋，只能教你如何磨炼天赋。

优秀的导师是你一生的财富，会在你失去自信的时候给予你信任。

一个人能够遇到和自己拥有相同天赋的导师，是何其幸运的事情。

在寻找导师的时候，你很容易对和自己不同类型的人产生憧憬，可能会选择和自己完全不同类型的人作为导师。如果你属于不能只专注于一件事的类型，你就容易崇拜专家型的人才，想让这样的人成为你的导师。

但是，你们拥有的天赋种类从本质上就不同，你们一定会发生冲突。导师如果是那种"必须按我说的做"的类型，很快就会让你的自信心消失殆尽。

就算你按照导师说的去做了，也很难做好，因为那并不适合你。如果你因此误以为"我没有天赋"，那就太可惜了。

能够让天赋绽放的导师分为教练型和球员型。

从棒球运动的观点来看，在做现役运动员时并不突出，但很会指导别人的人就属于教练型。而球员型则是从做球员起就一直很出众、成绩优异的人。

你需要了解这些情况之后，再去选择导师。详细的说明，请参考我的上一部作品《现在，变现你的优势：喜欢的事，就要拿来当饭吃》。

## 追求独创作品的阶段

接受导师一段时间的教导以后，你就进入了以自己的原创作品一决胜负的阶段。

至此，你对天赋的磨炼也到了最后的阶段。积极地磨炼天赋，你就会拥有自己的世界，你的人生将从过去普通人的人生，蜕变成能发挥自己天赋的人生。

到了这个阶段，你仍然需要动力，因为你的能量还无法随心所欲地溢出，你需要通过顾客和工作伙伴的感谢、业绩、高收入等来获得工作的价值感。

处于这个水平的人充实忙碌，充满了能量。他们努力提高自己,毫不懈怠。完成顶级工作的喜悦是他们的原动力。

## 为人生目标而活的阶段

与处于优秀水平的人相比,这个阶段的人有着完全不同的操作系统。处于这个阶段的人,不会太在意别人的评价如何。

"对我自己来说到底意味着什么",这是他们的唯一标准。

据说苹果公司的创始人史蒂夫·乔布斯有一次要求手下人把电脑的内部也打磨得很漂亮。负责人建议说:"电脑内部做得再精致也没人能看见,还增加了成本,还是算了吧。"乔布斯依然指示说"需要把它做好",部下问:"可谁会在意呢?"乔布斯回答说:"我很在意。"

对于他来说,这不是成本问题,而是审美意识的问题。在开发 iPod 的时候,他也坚持只做一个按钮,这是他对美学的意识使然。

最终的结果是:全世界的"果粉"都为乔布斯创造的产品之美而狂热,不惜一掷千金。

天才并不以当今的世界为对象而工作,他们会展望未来几十年。

很多时候,他们根本不考虑自己是否会被世界所接受,那些死后才名垂千古的天才,都是直面自己的内心,为自己而活。

# 每种人都是"天赋党"

现在，大家对每个阶段分别是什么状况，都有了大致印象。

我观察了很多类型的人，发现他们大多会在中途停滞不前，或者走回头路。

差一点就进入下一阶段的人，如果被自己的情绪所困，不进反退，那真是太可惜了。

在走向每个阶段的过程中，如果你感到"我已经不行了"，但又意识到这种情绪是正常且不可避免的，你就会有完全不同的结果。

接下来，我会就不同立场的人如何发挥天赋进行说明。

听到与自己不同立场的人的讲解，你可能会产生羡慕的心情。不过，每个立场都各有利弊。正如俗话所说："隔岸看花总觉好。"

在接下来的阅读中，请暂且不去考虑别人，只站在自己的立场上思考如何发挥自己的天赋。

# 第 6 章　有天赋谁都了不起

## 学生

如果你是学生，在开始求职之前，你最好知道自己的天赋是什么。

学生拥有"自由活动"的特权。如果你做得很好，就能得到成人的支持。我在学生时代也得到过经济支援，也被人款待过。在日本，有对学生进行支援的文化传统。因此，我建议学生们充分发挥自己的有利地位，去看看人生的各种样本。如果你想去别人的办公室参观，你会很受欢迎。

如果你已经开始找工作了，那么你只需要知道自己天赋的大致方向就可以。我建议你尽快寻找一下自己天赋的方向。如果能选择一个能很好发挥自己天赋的工作单位，你之后的人生选择面就会扩大。如果你什么都不想就随意确定了职业方向，那么当你跳槽的时候，你很可能会在更不利的条件下做同样的工作。

趁着自己时间充裕，你可以多参加几次从小就喜欢或感兴趣的领域的演讲会或聚会。我在学生时代，就经常省下平时的伙食费，去参加那些费用不菲的聚会和学习会。在那种场合，很少有学生出现，所以我当时很引人注目。

越是有地位的人，越喜欢与我搭话："你是学生吧？"不跟我交流的人，我也会创造契机，让他们记住我的名字。顺利的话，我还可以拜他们为师。虽说是拜师，但我也不必跟他们居住在一起，当他们需要一个研究助手或聚会的帮手时，他们就会想起我。

我在 20 岁出头的时候，经常帮一些著名人士拎包。我很喜欢观察他们待人接物的方式、切入话题的方式等，这对我之后的人生带来了很大的帮助。

## 家庭主妇

如果你是家庭主妇，你可以从那些对于已经找到自己毕生事业并付诸实践的家庭主妇的采访报道开始。

家庭主妇（或主夫）比全职员工的时间更充裕。当然，这也要看她家里有几个孩子，只要不是类似家里有 5 个孩子需要照顾的特殊情况，她们都能找到空闲时间。即使只有一个孩子，也会有人感觉"每天要管孩子，很难抽出时间"。不过，跟那些多 4 个孩子的人相比，前者应该还是能找到空闲时间。

家庭主妇要想让自己的天赋绽放，最关键的是伴侣关系。

这是因为，很多丈夫对于家庭主妇撇下孩子外出的行为，怀有复杂的情绪。他们可能会认为，妻子在暗示他赚的钱不够多，同时产生一种妻子不重视孩子的感觉。丈夫还可能产生一种类似嫉妒的感觉："我尚且在做自己不喜欢的事情，你凭什么要去做自己喜欢的事情呢？"很多丈夫都会这样说："我并不是特别反对，不过，考虑到孩子的问题，你还是待在家里比较好。"

从这个角度来看，第一个难关就是你的伴侣。

这需要两个人彻底地讨论人生的意义是什么，今后想如何生活,即如何合理分配有限的金钱、时间和精力。

如果丈夫认为"即使不喜欢人生中的一些事,也要忍耐",那么"想做自己喜欢的事情"的妻子就会显得很任性。

这个世界上只有两种人,一种人"做着自己不喜欢的事",另一种人"做着自己喜欢的事"。这两种人的生活方式有着天壤之别。只要夫妻中任何一方想要做自己喜欢的事情,夫妻间就可能会产生深深的隔阂。

如果两个人的爱情强大到能够成为双方的桥梁,那就没有什么可担心的了。否则,婚姻生活也会摇摇欲坠。

## 打工者、无业游民、御宅族

如果你现在是个打工者、无业游民或者在家里待业的话,你一开始估计没什么干劲。

你很可能在人生的某个时间点,放弃了使用天赋,或放弃了做自己擅长的工作。可能是因为你体会到了一种"自己做不到"的绝望感,你才会抗拒一切与社会相关的事情。与此同时,你可能也放弃了快乐而热情地生活。

在这种情况下,除非你已经对目前的生活方式感到厌倦或厌恶,否则你很难脱离出来。因为就算一直处于这种状态,你也能浑浑噩噩地把生活继续下去。

就像一个普通的打工者习惯了日常的打工生活,除非他们身无分文、生活窘困，否则他们是不愿意走出现在的生活方式的。

只有你自己才能发现你的天赋、磨炼你的天赋。如果你不采取行动，一切都不会改变。你现在的生活方式可能已经持续了几个月甚至几年。

每当开始做新的事情，你都需要相应的能量。打工者可能会对找一份像样的工作感到抵触，而无业游民可能会认为自己不会被录用。

在家里宅了好几年的人，可能对于走出家门这件事充满恐惧，甚至连思考今后该怎么办都觉得太麻烦。

从现在开始到想走出去看看，这一过程可能会花费不少时间。不过，时间还很充裕，不必过于焦虑。

那些闭门不出以及漂泊浪荡的时间，就当作是在储存能量了。

实际上，很多人在坚持几年自己并不想要的生活后，积蓄的热情会像开了闸的洪水一样奔涌而出。在此之前，请积蓄足够的能量。一旦时机到来，你的能量就会释放出来，带你进入一个新的阶段。

## 公司职员

如果你是公司职员，那么你看到学生、家庭主妇、打工者、无业游民和御宅族，一定会感叹"他们真幸福"。你可能认为他们很自由，有时间读自己喜欢的书，他们的生活真让人羡慕。

## 第6章 有天赋谁都了不起

作为公司职员，你的时间和金钱都有限，而且你没有自由。在这种情况下，你会觉得开发天赋是不可能的。但其实，公司是一个非常便于开发天赋的地方，你可以根据自己的工作模式，找到开发天赋最好的环境。

在大公司里，部门齐全。会计、销售、开发等部门一应俱全，其工作内容也各不相同。

在有定期调岗制度的公司里，虽然可能会延迟几年，但你最终一定能找到发挥自己天赋的地方。如果你还不知道自己的天赋是什么，你可以趁着轮岗的机会，遇到自己的天赋之职。

读到这里，那些在小企业工作的人可能会很失落："大企业真好，有那么多部门。我们就是小微企业，什么都没有……"小企业也拥有大企业所没有的优势。在小企业中，你能亲身体验所有部门的工作。你觉得有趣的领域，都近在咫尺。

在大企业里，如果你对其他部门的事情感兴趣，就需要像侦探一样去探查。而小企业就像一所商学院，你可以学到想学的一切。你可以和社长直接请教，让他倾囊相授。同时，如果你想到什么新的业务模式或改善建议，通常能很顺利地得到反馈。从这个意义上来看，在小企业工作，能够为将来自己的独立经营打下良好的基础。

读到这里，是不是这次该换成大企业的人要羡慕小企业的人了吧。

你真是个平平无奇的小天才

## 个体商户

如果你是个体商户，那么读到这里，你是不是很羡慕那些公司职员，尤其是当你并不喜欢自己正在做的工作时？

虽然你继承了父母的商铺，并在偶然的机会下独立门户，但这些都不是你迷恋得不得了的工作。在这种情况下，你感觉自己被困在一个狭小的世界里，完全看不到美好的未来。

不过，每种立场都各有利弊。

个体商户的好处是：你可以一边做现在的工作，一边做你喜欢的事情。这是上班族望尘莫及的。

话虽如此，你还要做手头的工作，同时做两种事情事实上难度也很大。

首先，你要接近那些和你喜欢同一领域的人。在某些情况下，你还有可能与那个人做生意。一旦建立了这些人际关系，你就能学到很多自己感兴趣的领域的东西。

个体商户的优势在于，根据不同的做法，你可以把自己最喜欢的事情变为本职工作。一个月改变不了什么，但你可以逐渐转移重心，花费几年的时间去磨炼自己的天赋，以此天赋为中心打造全新的商业模式是完全有可能的。

不过，不要把本职工作扔到一边，要试图在毫无关联的事情上寻找自我。你要试着寻找本职工作和自己天赋之间的契合点。

要做到这一点，你可以先从那些能让客人开心以及莫名畅销的人气商品和服务开始做起，一点一点地打磨。与其突然开始做全新的事情，不如从周边开始探索，从各种意义上来说，这样做能使你更顺利地将现在的工作转换为毕生事业。

无论如何都不行的情况下，你也有必要考虑换一种生意来做。

## 退休人员

退休生活是一种在时间和经济上都很宽裕的状态，退休人员可能会对未来抱有一些不安感。但你至今积累的经验，要比你本人认为的丰富得多。因此，很可能你所拥有的非常优秀的天赋被束之高阁，明珠蒙尘，而你一直没有意识到这一点。你从不认为这是一种天赋。

你首先要让自己意识到这是天赋，这是你要迈出的第一步。

退休之后，你首先要筛选出自己的天赋，确认一下自己积累了多少天赋，使用了多少天赋。

"虽然你说得天花乱坠，但我根本没什么天赋。"大多数人可能都有此困惑。

如果逐条写出来，你会发现自己还是有很多天赋的。没有谁从未使用过天赋，只是他们的天赋未能被充分开发出来而已。

即使一直都在公司做事务性工作的人，也有自己擅长的事。另外，在制作、销售、送货等过程中，一定会有一两件事是你很

**你真是个平平无奇的小天才**

容易上手,而别人很难做到的。

  站在不同的立场上想一下,你有什么感觉?

  不管处于什么立场,你都有可能从中发现并发展你的天赋。

从现在你所处的地方开始,磨炼自己的天赋吧。

第6章 有天赋谁都了不起

# 天赋的路上，你不寂寞

## 拥有后援会

你的后援会有多少人？

后援会的成员是当你想要做某件事时，乐于赶来加油助威的人。

举个例子，假设你在脸书上告知大家你想开店。于是，会有一些人帮你介绍开这种店的同行。如果你确定要开店了，就会出现想要出资的人，告知周边、帮你宣传的人，帮你实施具体工作的人，带客人来消费的人等。他们都是你的后援会成员。

当你情绪低落的时候，他们会一直倾听你的烦恼或提出自己的建议。

有些人会很失落："我可没有几个这样的后援会成员，不，可能一个都没有。"没关系，只要从现在开始扩充你的后援会就可以了。

为此，你需要在平时经常支持和帮助别人。

你真是个平平无奇的小天才

## 找到志趣相投的人

后援会固然重要，寻找和自己志同道合的伙伴也非常重要。

如果有一个和你一起开玩笑、说傻话，互相发牢骚的旅行伙伴，你会比一个人旅行快乐 100 倍。

当然，有的路途必须自己一个人走。但是，如果能在前方的旅店与好友再次相聚，这也会成为一种激励。

寻找伙伴，就是寻找那个和自己品位相同的人。当你在聚会上感觉"这个人和我是同类"的时候，就立刻上前和他打招呼吧。这样的伙伴会成为你终生的朋友。我也有这样的朋友，我们是在我写书之前就认识的，我们两家人一起交往、交流，大家都各自活跃在不同领域的第一线，也都成了名人，取得了成就。

拥有朋友的感觉，会让你在精神上和社会中都保持稳定的情绪。如果有人说你的坏话，你的朋友就会反驳"他可不是那样的人"，只要一想到有一群朋友会挺身而出保护你，你就很幸福。而且，当你痛苦、失落的时候，只要想起朋友的面孔，你就会获得勇气。

在漫画界，有一个被称为"常盘庄"的廉价公寓，这里曾经住过很多后来名噪一时的漫画家。他们每一位都是很厉害的漫画天才，当大家互相看到对方的漫画时，都大吃一惊，继而怅然若失。但是，这不失为一种很好的刺激。他们燃起了竞争心，并互相切磋琢磨，最终都获得了成功。

## 朋友会一直帮你

靠你一个人的力量让天赋开花结果,是很难做到的。借助别人的力量,你就可以跨过这个障碍。

突然让一个吉他演奏者找一个能容纳百人的会场来开演奏会,他很难做到。如果是举办家庭演唱会,他就既能够确保场地,也没有任何风险。他还可以让朋友帮忙策划,一起宣传。如果他只靠自己,光是写宣传邮件就需要一周时间。如果有朋友帮忙的话,他们一个小时就能搞定。

想要进一步提升制作料理天赋的人,可以策划一场家庭宴会。如果是限定四人的小型品尝会,你很快就能把人聚齐。

只要踏出最初的第一步,事情就很好办。只要跨越了第一道屏障,之后就会畅通无阻。

你真是个平平无奇的小天才

# 开启天赋的自动驾驶模式

一旦你找到自己的天赋，开启毕生的事业，之后的事情就会自动地发展下去。从这个意义上来说，这很像"水车"。当它不能很好地与水面接触时，轮子就无法转动。无论水车的系统有多少，它也只是一个木头轮子。但是，一旦水车接触到流动的河水并开始运转的话，它就不会轻易停止了，因为它接收到了来自大自然的巨大能量。

灵感也一样，是从你内心涌出的源泉。如把这种厚积薄发的力量作为原动力，你就可以自由地使用这种源源不断、无限巨大的能量。

虽然精神能量可以被无数次使用，但肉体还是会产生疲劳感，所以，保持两者的平衡非常重要。只要注意控制这一点，其他的一切就会自动地运转起来。

如果所有事情都以灵感为基础而启动的话，各种事情就能自然而然地进入自动驾驶模式，并保持运行平稳。

发现天赋的过程是人生中最大的寻宝游戏。如何挖掘沉睡在内心深处的宝藏，决定着你将来的人生是否生机勃勃、丰富多彩。

天赋会在最好的时机绽放。因此，即使现在不顺利，你也不要焦虑。但这并不意味着你可以什么都不做，以为守株待兔就能迎来天赋。

请凭着直觉去行动。只要是你觉得有趣的事情，就尝试去做。虽然这种不断试错的过程会花费一定的时间，但你最终一定会遇到"没错，就是这个"的感觉。

从此，你从未想象过的令人兴奋的人生就启航了。

而且，只要你愿意，最美好的人生将从这里开始。

愿你的人生从此充满奇迹，美好无比！

# 附录 天赋绽放所需的 17 件事

在附录中,我将特别为大家介绍"天赋绽放所需的17件事"。即使不能全部做到,也请从你觉得最有趣的事情开始去做。一定会有什么东西脱颖而出。

## ① 如果被邀请,一定要答应

如果有人邀请你,你会感到高兴吗?还是懒得去?

如果你想发现自己的天赋,就应该试着改变以往的生活方式。

## ② 要有洞穿力

如果你活得和普通人一样,就很难发挥自己的天赋。你和大家做着同样的事情,但那并不一定是让你开心的事情。

## ③ 觉得有趣的事,要跃跃欲试

当你遇到很有趣的事情,你会迷茫、犹豫吗?还是需要深思熟虑?

如果你认为那是有趣的事情，就积极地尝试一下吧。

## ④ 不管怎样，先以数量说话

如果你有绘画的天赋，就试着多画一些。如果你有制作料理的天赋，就试着做出几十种菜肴。如果你有演讲的天赋，那么无论是谁的婚礼，二次聚会也好，公司的忘年会也好，你都要争取在众人面前演讲的机会。

## ⑤ 请一位个人成长教练

虽然个人成长教练在日本还未普及，但要想活出真正的自我，个人成长教练是不可或缺的。他能够客观地看待你，陪伴你前行。当你感到痛苦的时候，他既能从旁鼓励，也能带给你勇气。

## ⑥ 别人拜托的事情，尽量接受

别人拜托你做的事情，很可能是与你的天赋相关的事情。像"请你帮我引荐一个人""希望你出席联谊会"之类的事情，应该很常见。只要不是什么古怪的事情，就尽量去做。

## ⑦ 晚上临睡前，想想快乐的事

发挥出天赋的人生，每天都充满了兴奋感。要先设身处地感受一下。临睡前，试着想象一下你最喜欢的事情、让你最开心的事情。这样一来，你就能养成想着快乐的事情入睡的习惯。

## ⑧ 给三个朋友发邮件，询问"有什么趣事可做"

你的朋友应该都是和你志趣相投、三观一致的人。他们接触的很多信息，会给你的人生带来好处。

这样做的好处是：不仅能发现自己天赋，还能加深友谊。

## ⑨ 遵从自己忘乎所以的举动

如果你是做事不稳重、有多动倾向的人，你应该经常挨批评，经常不由自主地产生得意忘形、兴奋喧闹、欢呼雀跃等行为。这是你的天赋，就放任自己，让自己忘乎所以吧！

## ⑩ 相信失败也会成为美好的回忆

我们之所以很难投身于新的事物，是因为我们害怕失败。即使失败了，我们以后也会身心轻松，只要我们觉得这件事情很有趣。

## ⑪ 贵人相助，蒸蒸日上

得到贵人相助，是成为人生赢家的正道。从帮你搬家，到帮你缩小想做之事的范围，再到协助你举办家庭聚会，只要你在很多方面能得到贵人相助，你一定能蒸蒸日上。

## ⑫ 对自己的未来充满好奇心

能够让天赋绽放的人，一定对未来充满了乐观的预估。你的天赋经过磨炼后，一定会让你迎来美好的人生。请想象一下将来你天赋绽放的时候会是什么样子，对自己的未来充满好奇心吧。

## ⑬ 每天五分钟，做能让自己兴高采烈的事情

每天都要做你最喜欢的事情，让你兴奋的事情。只要五分钟就好，只要一直快乐地做下去，你的心情就会改变。你不需要考虑做那件事的意义，一定要做能让你开心愉快的事情。

## ⑭ 寻找志同道合的伙伴

在寻找天赋的旅途中，如果没有志趣相投的伙伴，你旅行的乐趣就会大打折扣。如果你感觉某个人和你是同一类人，就和他交朋友吧。一开始你们可能会有不契合的地方，但最终你们一定能成为挚友。

## ⑮ 向幸福的导师拜师

在你想要进入的领域，寻找既幸福又成功的导师。如果可能的话，请争取成为他的弟子。因为他不仅能传授你业务方面的知

识，还能教会你人生中最重要的东西。与一位优秀导师的关系，将成为你一生的财富。

## ⑯ 组织自己的后援会

组织自己的后援会。建立一种"一键通知"机制，找到能够为了你义无反顾去行动的伙伴。当然，你也要甘愿为他们赴汤蹈火。

## ⑰ 思考活着的目的

人的一生，可以选择让自己如何度过的时间，最多只有 80 年左右。今后的人生，你想怎样度过，请一定要仔细考虑。请冷静地思考你到底想要什么，而不是世人怎么想。

## 后 记

感谢你读到最后。

现在的你有什么感受呢？

如果你认为"我或许也有什么天赋",有点期待和不安的话,说明你已经迈出了寻找天赋之旅的第一步。

也许有的人在看书的过程中,已经清楚地知道了自己的天赋是什么,甚至还不止一种天赋。可以预见,他们今后的人生将会发生变化。不管怎样,我相信这本书一定触碰到了你内心深处的什么东西。

迄今为止,我收到过很多读者的邮件。他们中有很多人在看完本书以后,都会向我讲述自己的人生是如何改变的。有的人找到了自己的天赋,有的人开启了自己的毕生事业,有的人换了工作,在邮件中,他们讲述着各自不同的人生改变。每一封邮件都是一个很棒的故事,我每次读完都深受感动。

他们都小心翼翼地迈出了改变人生的第一步,很少有人会毫

### 你真是个平平无奇的小天才

不犹豫地飞奔、跳跃。正如著名作家松本清张所说的那样，所有人都在不安和黑暗中摸索前进。在这种时候，拥有朋友的支持是多么幸运，而导师的一句指导的话，很可能就能够拯救你。

你绝不是一个人！在这个瞬间，有很多人跟你一样，他们虽然感到不安，但还是决心踏出寻找天赋之旅的第一步！

能否发挥自己的天赋，对你人生的幸福和富足会产生很大的影响。你今后的人生，是充满活力还是郁郁寡欢呢？你更喜欢哪种人生呢？

当然是选择充满活力的人生了。

但是，从统计上来看，实际上能实现这种人生的人很少，因为中途放弃的人太多了。

寻找天赋的任务，只有你自己能完成。父母、兄弟姐妹、伴侣、孩子、朋友，都无法替你完成。他们也许会给你鼓励，但最终，这是一项必须由你一个人完成的孤独的任务。而且，如果遭到周围人的反对，这将是一条更加崎岖艰难的道路。

我是从34岁开始走上作家之路的，在此之前，我从来没有意识到自己有写作的天赋。虽然现在我也不觉得自己有多少天赋，但说句狂妄自负的话，一想到我这10年来已经写了几十本书，我觉得自己应该算得上有天赋的人吧。

但是，我周围没有一个人注意到我有写作的天赋。在一次时隔25年的高中同学聚会上，我问大家能否想象到我会成为一名

## 后 记

作家，结果所有人都说："真不敢相信你会成为作家。如果你都能成为作家的话，我岂不是也能成为歌手？"说完大家便哄堂大笑。他们完全无法想象我会成为作家，包括我的恩师在内，他也点着头，喝着啤酒笑着，做出颇有同感的样子。看来，他们与我的家人和亲戚一样，从来都没有发现我的天赋。

要不是我自己一直努力寻找天赋的话，也许现在的这种天赋，会一直悄无声息、不为人知地沉睡着。现在回想起来，真是心有余悸。

自从开启作家生涯以来，通过直接见面和演讲的方式，我使数万人的人生发生了巨大的变化。他们说，读了我的书以后，他们毅然做出了换工作、独立生活、结婚、离婚等决定。在我的演讲会和研讨会上相遇并结婚的情侣有几十对，并诞生了十几个宝宝。可以说，如果我没有成为作家，就不会有这些小生命的诞生。

在育儿休假期间，我在世田谷的砧公园里，一边推着婴儿车，一边对自己说："成为作家吧！"如果我当时没有做出这样的决定，上面那些人的人生也会与现在截然不同。

也许，你只是把这些当成别人的故事来听，认为与己无关。但其实，我讲这个故事的目的就是为了告诉你，同样的事情，很可能也会发生在你身上。

我不知道你是24岁、34岁、44岁、54岁还是64岁，无论年龄

### 你真是个平平无奇的小天才

大小，在你身上一定也沉睡着完全没有被使用的天赋。

这些天赋，一直在等着你挖掘它们。

我每次参加葬礼的时候都会百感交集。我很想知道那个躺在棺材里，即将化为灰烬的人，是否度过了无悔的一生。而且，我能够强烈地感受到几乎百分之九十九的人，都带着沉睡的天赋遗憾地离开了人世。

如果你一直继续现在的生活方式，将来会留下遗憾吗？

现在，你有两条路可以选择。一条是顺从自己内心而行动的道路，另一条则是你过去一直走的路。

以往的人生道路，可能比较平坦。但是，如果总是执着于平稳安定，人生就会变得乏味无趣。而枯燥乏味的生活，容易引发抱怨和不满。

如果你选择了自由之路，会有很多的怀疑、恐惧和不安在前方等着你。前面是不是有危险？你是不是选择了错误的道路？你是不是失败了？你会带着一连串的疑虑和不安，摸索前进。

这两种道路，没有好坏之分。重要的是你想选择哪一种。

总而言之，人生就是由或稳定或自由的选择构成的。如果只选择自由，可能会累到心力交瘁。如果只选择稳定，也许会感到百无聊赖。

如何平衡二者的关系，决定着你人生的酸甜苦辣。夫妻间对人生滋味的喜好可能是不同的。妻子也许是冒险派，而丈夫可能

## 后记

比较喜欢稳定。当然,相反的情况也很多。

夫妻应该坐在一起交流甚至争论,最后携手共进,这才是人生。

但遗憾的是,人生没有完全正确的答案。

本书始终以天赋作为切入点进行讲述,但由于篇幅有限,难以尽言。因此,在我的下一部作品中,我将以"把你的天赋变成金钱"为主题进行讲述,因为"金钱和天赋"是一个很大的主题。但是,如果你能将这本书的主旨理解透彻,至少可以拥有一个让天赋快乐绽放的人生了。

我毕生的事业是帮助人们想起自己的本质,也就是想起自己的天赋和与生俱来的人生目的。我很高兴能在人们的精神、情感、商业和经济等方面担任向导的角色。而且,每当我看到有人找回自我、眼中充满光芒的样子,我总是会感动到浑身战栗。

经过长期的研究和反复试错,我在六年前建立了一个支援系统,目的是让每个人都能找到自己的天赋。我将其命名为毕生事业学校,并在全日本各地开课。我的很多好朋友在做自己本职工作的同时,会利用周末时间来帮忙,通过研讨会帮助人们找到自己的天赋和毕生事业。

此外,我还在全日本各地培养了一批毕生事业咨询师,通过辅导个人咨询的方式帮助人们找到自己的天赋。

**你真是个平平无奇的小天才**

　　我会将自己20年的研究成果毫无保留、尽量通俗地传授给大家,如果时机合适,非常欢迎你的加入。在这里,你不仅能够发现自己的天赋,一定还会遇到优秀的伙伴。

　　你的旅程,将从这里开始。

　　祝愿你的人生变得美好。

　　希望你能找到人生的意义,每一天都过得充实。

本田健

2013年7月　于福冈近海、大岛·宗像大社

# 参考文献

芭芭拉·谢尔著，永田浩子译. 想做自己真正喜欢的事！（VOICE，2013年）

桑原晃弥著. 史蒂夫·乔布斯语录大全——改变世界的142句话（PHP商业新书，2011年）

矢尾言叶著. 跳槽能拯救你！把喜欢的事情变成工作的方法（Sunmark出版，2010年）

弗朗索瓦·杜博瓦著. 如何发现改变命运的天赋的杜博瓦法（Magazine House，2010年）

中岛孝志著. 如何找到最好的自己——了解真正想做之事的工作书（Magazine House，2009年）

梅田幸子著. 了解自己天职的最强自我分析（中经出版，2009年）

珍妮特·阿特伍德/克里斯·阿特伍德著，鹤田丰和/尤尔洋子译. 只做打动心灵的事！（Forest出版，2013年）

保罗·D. 蒂格/芭芭拉·巴伦著，栗木五月译. 了解你的天职的

**你真是个平平无奇的小天才**

16种性格（主妇之友社，2008年）

肯·罗宾逊/卢·阿罗尼卡著，金森重树/秋冈史译．激发天赋的要素法则（祥传社，2009年）

荻本钦一著．越是感觉不行的时候，你的好运积蓄得就越多（广济堂新书，2011年）

迈克·麦克纳马斯著，惠阳子译．来源（VOICE，1999年）

Marsha Sinetar, *Do What You Love, The Money Will Follow*（DELL，2011年）

Julie Jansen, *I Don't Know What I Want, But I Know It's Not This*（PenguinBooks，2003年）

Michael Toms/Justine Willis Toms, *True Work*（Harmony Books，1999年）

Caroline Myss, *Archetypes*（Hay House，2013年）

Barbara Sher, *I Could Do Anything If I Only Knew What It Was*（DELL，1995年）

Barbara Sher, *Refuse To Choose*（Rodale，2007年）